JEC-2520：2018　目次

目　次

ページ

序文 ·· 1

1　適用範囲 ·· 1

2　引用規格 ·· 1

3　用語及び定義 ··· 1

4　使用状態 ·· 3

5　種類，定格及び標準値 ·· 3

5.1　種類及び階級 ··· 3

5.2　定格と標準値 ··· 3

6　構造 ··· 3

7　性能・試験及び検査 ·· 3

7.1　試験及び検査項目 ·· 3

7.2　試験及び検査条件 ·· 4

7.3　動作値 ··· 4

7.4　復帰値 ··· 5

7.5　動作時間 ·· 5

7.6　復帰時間 ·· 7

7.7　周波数特性 ·· 8

7.8　ひずみ波電圧特性 ·· 8

7.9　動作保証最大電圧特性 ··· 9

7.10　慣性動作 ··· 10

7.11　温度特性 ··· 10

7.12　制御電源電圧特性 ··· 11

8　表示 ··· 12

附属書A（規定）適用範囲 ·· 13

附属書B（参考）制定内容 ·· 14

附属書C（参考）種類・定格・標準値 ··· 16

附属書D（参考）動作値 ·· 18

附属書E（参考）復帰値 ·· 21

附属書F（参考）動作時間 ·· 23

附属書G（参考）復帰時間 ·· 26

附属書H（参考）周波数特性 ·· 27

附属書I（参考）ひずみ波電圧特性 ·· 28

附属書J（参考）動作保証最大電圧 ·· 30

附属書K（参考）慣性動作 ·· 33

附属書L（参考）合成値に応動するリレーの誤差 ···································· 34

附属書M（規定）温度特性試験及び制御電源電圧特性試験について ················ 38

解説 ··· 40

(1)

JEC-2520：2018

まえがき

　この規格は，一般社団法人電気学会（以下"電気学会"とする。）保護リレー装置標準化委員会　ディジタル形電圧リレー（**JEC-2520**）標準特別委員会において 2017 年 1 月に制定作業に着手し，慎重審議の結果，2017 年 12 月に成案を得て，2018 年 3 月 27 日に電気規格調査会委員総会の承認を経て制定した，電気学会 電気規格調査会標準規格である。

　この規格は，電気学会の著作物であり，著作権法の保護対象である。

　この規格の一部が，知的財産権に関する法令に抵触する可能性があることに注意を喚起する。電気学会は，このような知的財産権に関する法令にかかわる確認について，責任をもつものでない。

　この規格と関係法令に矛盾がある場合には，関係法令の遵守が優先される。

電気学会　電気規格調査会標準規格

JEC
2520 : 2018

ディジタル形電圧リレー

Digital type voltage relays

序文

　この規格は 1995 年に制定された **JEC-2511**：1995（電圧継電器）を基にしてディジタル形電圧リレーへの適用を目的として，**IEC** 規格との整合性について検討を加えて制定したものである。

　保護リレーの標準規格は 1968 年以来，一般規格と個別規格との両者により構成される体系をとっている。この規格は個別規格であり，ディジタル形電圧リレーのみに関係する事項を規定する。各種の保護リレー全般にわたって共通する事項は一般規格 **JEC-2500**（電力用保護継電器）で規定されており，この規格の各所で引用されている。

1　適用範囲

　この規格は電力機器，又は電力線の保護に使用されるディジタル演算形の過電圧リレー，地絡過電圧リレー及び不足電圧リレーに適用される（**附属書 A** 参照）。

2　引用規格

　次に掲げる規格は，この規格に引用されることによって，この規格の規定の一部を構成する。これらの引用規格は，その最新版（追補を含む）を適用する。

　　JEC-2500　電力用保護継電器

　　JEC-2502　ディジタル演算形保護継電器の A/D 変換部

3　用語及び定義

　この規格で用いる主な用語の意味は次による（**附属書 B.1** 参照）。

　この箇条で規定のないものは **JEC-2500** 及び電気学会 電気専門用語集 No.23 保護リレー装置による。

3.1

ディジタル演算形

　入力量を周期的にサンプリングして，量子化されたディジタル量に変換し演算処理するもの。

3.2

接点出力

　接点の開閉による出力。

3.3

無接点出力

　静止回路部の状態変化による出力。

　複数のリレーが収納された複合形リレーなどでは，リレー要素，タイマ及び出力回路の動作時間を個別に管理ができるものがある。このリレー要素も，無接点出力リレーと同じ扱いとする。

3.4

動作値

　復帰状態から動作状態となり，動作状態を継続するのに必要な限界入力。

3.5

復帰値

　動作状態から復帰状態となり，復帰状態を継続するのに必要な限界入力。

3.6

動作時間

　入力がリレーを動作させる方向に動作値を超えて変化したとき，入力が動作値を超えた瞬間からリレーが動作するまでの時間。

3.7

復帰時間

　入力がリレーを復帰させる方向に復帰値を超えて変化したとき，入力が復帰値を超えた瞬間からリレーが復帰するまでの時間。

3.8

高速度

　応動時間が速やかになるように特に考慮された応動。

3.9

即時

　応動時間が速やかになるようには特に考慮されていない応動，又は遅くなるようには特に考慮されていない応動。

3.10

限時

　応動時間が遅くなるよう特に考慮された応動。

3.11

慣性動作

　動作過程において入力が不動作となるべき値に急変しても，可動部の慣性又は回路の応動遅れのためにリレーが動作状態に達してしまい，ある時間動作を継続する現象。

　この規格では，入力の急変後のディジタル形リレーの内部演算処理の遅れなどにより，リレーが一時的に動作する現象。

3.12

動作保証最大電圧

　正常に応動できることを公称する最大電圧。

　この規格では，過電圧リレーと地絡過電圧リレーは動作を継続し，不足電圧リレーは不動作を継続することを公称する最大電圧。

3.13

合成値

　リレーの内部で複数の入力値を合成することにより得られる値。

3.14

合成値の定格電圧

　合成値に応動するリレーで，整定値の基準として用いられる定格電圧。

　三相の電圧をリレー内部で合成して零相電圧を得る地絡過電圧リレーでは，完全一線地絡事故時の合成零相電圧を"合成値の定格電圧"といい，リレーの特性上の定格電圧はこれを用いる。

4 使用状態

JEC-2500 を適用する。

5 種類，定格及び標準値

5.1 種類及び階級（附属書 C.1 参照）

a) 動作値・復帰値に関する性能を**表 1** のように分類して規定する。

表 1 — 動作値・復帰値に関する分類

種類	動作値	復帰値
過電圧リレー	2.5 V 級 [a]	
地絡過電圧リレー	5 V 級 [a]	
不足電圧リレー		
注 [a]　2.5 V 級及び 5 V 級は動作値階級を示す。		

b) 動作時間に関する性能を**表 2** のように分類して規定する。

表 2 — 動作時間に関する分類

種類	動作時間特性 [a]	出力
過電圧リレー	高速度	接点出力
地絡過電圧リレー		無接点出力
不足電圧リレー	定限時 [b]	−
注 [a]　動作時間特性が即時のものについては，応動時間に対して特に考慮されていないので，動作時間特性を規定しない。		
[b]　動作時間特性が定限時のものについては，接点出力と無接点出力を区別しない。		

5.2 定格と標準値

定格は **JEC-2500** を適用する。

動作値の整定値は**表 3** の値を標準とする（**附属書 C.2** 参照）。

表 3 — 標準値

単位　V

種類	一般的用途	定格電圧値 [a]	整定範囲	整定ステップ
過電圧リレー	過電圧保護	110	110 〜 150	
地絡過電圧リレー	地絡保護	110	10 〜 50	
不足電圧リレー	地絡保護	63.5	10 〜 60	1
	短絡保護	110	20 〜 100	
注 [a]　合成値に応動するリレーの場合は，合成値の定格電圧値とする。				

6 構造

構造は **JEC-2500** を適用する。

7 性能・試験及び検査

7.1 試験及び検査項目

この規格の適用されるリレーは，**JEC-2500** に規定される試験及び検査のほか，**表 4** に示す○印の各項目の試験及び検査を行う。

JEC-2520：2018

表4 — 試験及び検査項目

試験及び検査項目	形式試験	ルーチン試験 [a]	試験及び検査の内容
動作値	○	○	**7.3.2**
復帰値	○		**7.4.2**
動作時間	○	○	**7.5.2**
復帰時間	○		**7.6.2**
周波数特性	○		**7.7.2**
ひずみ波電圧特性	○		**7.8.2**
動作保証最大電圧特性	○		**7.9.2**
慣性動作	○		**7.10.2**
温度特性	○		**7.11.2**
制御電源電圧特性	○		**7.12.2**
注 [a] ルーチン試験は，従来は受入試験と呼んでいた。			

7.2 試験及び検査条件

7.2.1 標準試験条件

JEC-2500 に規定される試験条件の状態で試験及び検査を行う。

7.2.2 合成値に応動するリレーの入力電圧印加方法（附属書 L 参照）

零相電圧又は相間電圧（△回路電圧）が直接入力されず，各相の相電圧（Y 回路電圧）入力から算出される場合，零相電圧又は相間電圧に応動するリレー要素の試験中の入力印加は，試験の各項目で特に指定されない限り**表5**による。

表5 — 合成値入力印加方法

合成値	零相電圧 [a]	相間電圧 [b]
試験電圧 V_t 印加方法	各相電圧 V_a, V_b, V_c に同一の試験電圧 V_{t1} を印加	試験対象相間のみに試験電圧 V_{t2} を印加
試験回路		（b-c 相間に応動するリレーを試験する場合の例）

注 [a] $V_{t1} = \dfrac{整定値}{\sqrt{3}}$

[b] $V_{t2} = 整定値$

7.3 動作値（附属書 D 参照）

7.3.1 性能

7.3.2 によって試験したとき，

$$\varepsilon_{OP} = \frac{M - M_{nomi}}{M_{nomi}} \times 100$$

ここに，　$\varepsilon_{\mathrm{OP}}$：動作値誤差（%）

M：動作値（V）

M_{nomi}：公称値（V）

は，**表6**に示す許容誤差範囲内でなければならない。

7.3.2　試験及び検査

表6の試験条件で入力を緩やかに変化させて動作値を測定する。

表6 — 動作値

単位　%

項目		過電圧リレー	地絡過電圧リレー	不足電圧リレー
許容誤差 [a]	2.5 V 級	±2.5		
	5 V 級	±5		
試験条件	動作値整定	最小 [b]・中間・最大		
	動作時間整定	最小		
試験の種類		形式試験・ルーチン試験		

注 [a]　許容誤差を満足しない動作値整定が存在する場合は，製造業者はその範囲と許容誤差を明示する。

　[b]　許容誤差を満足する最小整定値。

7.4　復帰値（附属書 E 参照）

7.4.1　性能

7.4.2によって試験したとき，

$$R_{\mathrm{rate}} = \frac{M_{\mathrm{re}}}{M_{\mathrm{op}}} \times 100$$

ここに，　R_{rate}：復帰率（%）

M_{op}：動作値（V）

M_{re}：復帰値（V）

は，**表7**の値を満足しなければならない。

7.4.2　試験及び検査

表7の試験条件で復帰値を測定し，復帰率を求める。

表7 — 復帰値

単位　%

項目		過電圧リレー	地絡過電圧リレー	不足電圧リレー
復帰率 [a] [b]	2.5 V 級	97.5 以上		102.5 以下
	5 V 級	95 以上		105 以下
試験条件	動作値整定	最小 [c]		最大
	動作時間整定	最小		
試験の種類		形式試験		

注 [a]　復帰率を満足しない動作値整定が存在する場合は，製造業者はその範囲と復帰率を明示する。

　[b]　動作整定値と復帰整定値に差がある場合は，**附属書 E**に示す復帰値の許容範囲以内とする。

　[c]　動作値が許容誤差を満足する最小整定値。

7.5　動作時間

本項は高速度リレー及び定限時リレーに適用する。なお，即時動作のリレーは製造業者が明示した試験条件による（**附属書 F**参照）。

7.5.1　性能

a） 高速度リレーの動作時間は，**7.5.2 a）**によって試験したとき，**表 8** に示す値以下でなければならない。**表 8** の試験条件以外での性能は，製造業者が明示する。

b） 定限時リレーの動作時間は，**7.5.2 b）**によって試験したとき，公称動作時間に対して**表 10** に示す許容誤差以内でなければならない。

7.5.2　試験及び検査

a） 高速度リレーのうち，過電圧リレーは**表 9.1**，地絡過電圧リレーは**表 9.2**，不足電圧リレーは**表 9.3** に示す試験条件で動作時間を測定する。

b） 定限時リレーは，**表 10** に示す試験条件で動作時間を測定する。

c） 動作時間の測定回数は 5 回とする。

表 8 ― 高速度リレーの動作時間

単位　ms

項目		過電圧リレー	地絡過電圧リレー	不足電圧リレー
動作時間	接点出力	45	40	35
	無接点出力	35	30	25
試験条件	動作値整定	最小	最小 [a]	最大
	入力電圧	0 から公称動作値の 120 ％に急変	0 から公称動作値の 150 ％に急変	定格電圧から公称動作値の 70 ％に急変

注 [a] 動作値が許容誤差を満足する最小整定値。

表 9.1 ― 高速度過電圧リレーの試験条件

項目		過電圧リレー		
試験条件	動作値整定	最小		
	入力電圧	0 から公称動作値の 110 ％に急変	0 から公称動作値の 120 ％に急変	0 から公称動作値の 150 ％に急変
試験の種類		形式試験		
		－	ルーチン試験	－

表 9.2 ― 高速度地絡過電圧リレーの試験条件

項目		地絡過電圧リレー		
試験条件	動作値整定	最小 [a]		
	入力電圧	0 から公称動作値の 110 ％に急変	0 から公称動作値の 120 ％に急変	0 から公称動作値の 150 ％に急変
試験の種類		形式試験		
		－	－	ルーチン試験

注 [a] 動作値が許容誤差を満足する最小整定値。

JEC-2520：2018

表 9.3 ― 高速度不足電圧リレーの試験条件

項目		不足電圧リレー			
試験条件	動作値整定	最大，最小 a)			最大
	入力電圧	定格電圧から公称動作値の 90 ％に急変	定格電圧から公称動作値の 70 ％に急変	定格電圧から 0 に急変	定格電圧から公称動作値の 70 ％に急変
試験の種類		形式試験			－
		－			ルーチン試験

注 a) 最小の動作値整定で定格電圧から公称動作値の 70 ％に急変する試験において，**表 8** の動作時間を満足できない場合は，判定基準を満足する整定値でも試験を実施する。

表 10 ― 定限時リレーの試験条件と動作時間誤差

項目		過電圧リレー	地絡過電圧リレー	不足電圧リレー
動作時間誤差 a)	リレー動作時間	製造者明示 b)		
	タイマ動作時間	1 ％ 又は 10 ms の大きい方以下		
試験条件	動作値整定	最小	最小 c)	最大
	動作時間整定	最小・最大 d)		
	入力電圧	0 から公称動作値の 120 ％に急変	0 から公称動作値の 150 ％に急変	定格電圧から公称動作値の 70 ％に急変
試験の種類		形式試験・ルーチン試験		

注 a) リレー要素，タイマ，出力回路の動作時間は個別若しくは一括で測定する。個別測定の場合，リレー動作時間はリレー要素動作時間と出力回路動作時間の合計とする。
　 b) リレー動作時間は製造業者明示とし，時間範囲で指定する（例：0 ～ 50 ms）。
　 c) 動作値が許容誤差を満足する最小整定値。
　 d) ルーチン試験は，最大動作時間整定の 1 点で実施する。

7.6 復帰時間

本項は，復帰時間を保証するリレーに適用する（**附属書 G** 参照）。

7.6.1 性能

7.6.2 によって試験したとき，復帰時間は製造業者が明示する範囲内でなければならない。

7.6.2 試験及び検査

a) **表 11** に示す試験条件で復帰時間を測定する。

b) 復帰時間の測定回数は 5 回とする。

表 11 ― 復帰時間の試験条件

項目		過電圧リレー	地絡過電圧リレー	不足電圧リレー
復帰時間		製造業者明示		
試験条件	動作値整定	最小	最小 a)	最大
	動作時間整定	最小		
	入力電圧	公称動作値の 120 ％から 0 に急変	公称動作値の 150 ％から 0 に急変	公称動作値の 70 ％から定格電圧に急変
試験の種類		形式試験		

注 a) 動作値が許容誤差を満足する最小整定値。

8

JEC-2520：2018

7.7 周波数特性

7.7.1 性能

7.7.2 によって動作値を測定したとき，

$$\frac{M_{-5} - M}{M} \times 100\,(\%)\,,\quad \frac{M_{+5} - M}{M} \times 100\,(\%)$$

ここに，　M：定格周波数における実測値

M_{-5}：定格周波数の $-5\,\%$における実測値

M_{+5}：定格周波数の $+5\,\%$における実測値

は，**表 12** の許容誤差以内でなければならない。

7.7.2 試験及び検査

表 12 に示す試験条件で，動作値を測定する（**附属書 H** 参照）。

表 12 ― 周波数特性

単位　%

項目		過電圧リレー	地絡過電圧リレー	不足電圧リレー
許容誤差 [a]	2.5 V 級，5 V 級	±5		
試験条件	動作値整定	最小	最小 [b]	最大
	動作時間整定	最小		
	周波数	定格値の $-5\,\%$及び $+5\,\%$		
試験の種類		形式試験		
注 [a]　ひずみ波の対策などを行ったリレーで本表の値によりがたい場合は，製造業者が明示する値とする。 　　[b]　動作値が許容誤差を満足する最小整定値。				

7.8 ひずみ波電圧特性

7.8.1 性能

他の評価方式によることを明示しない限り，次に示す基本波評価方式による。

7.8.2 によって動作値を測定したとき，

$$\frac{M_N - M_1}{M_1} \times 100\,(\%)$$

ここに，　M_1：基本波単独による動作値

M_N：N次高調波分を含有したときの動作値（基本波分）

は，**表 13** の許容誤差の値以内でなければならない。

7.8.2 試験及び検査

表 13 に示す試験条件で，N次高調波分を重畳したときの動作値（基本波分電圧）を測定する（**附属書 I** 参照）。

表 13 — ひずみ波電圧特性

単位 ％

項目		過電圧リレー	地絡過電圧リレー	不足電圧リレー
許容誤差	2.5 V 級，5 V 級	±10		
試験条件	動作値整定	最小	定格値の 50 ％又はそれに最も近い値	
	ひずみ波成分 a)	3 次，5 次及び 7 次高調波 90 ％b)（基本波成分を 100 ％として）		
	高調波の重畳方式	非同期方法 c) d)		
試験の種類		形式試験		

注 a) 高調波分を各々単独で含有させるものとする。

b) 重畳した電圧値がフルスケールを超えない範囲とする。

c) 基本波分に対して高調波分の同期をとらないで，滑りの速さを動作時間・復帰時間に比べて十分遅くして，動作値を測定する方法である。

d) 非同期方法によりがたいときは同期方法で試験してもよい。この場合，高調波分の含有位相角は，高調波の位相で 90° ごと 360° までとする。

7.9 動作保証最大電圧特性

7.9.1 性能

7.9.2 によって試験したとき，過電圧リレー及び地絡過電圧リレーは動作しなければならない。また，不足電圧リレーの場合は，動作してはならない（**附属書 J** 参照）。

7.9.2 試験及び検査

表 14 に示す試験条件で動作保証最大電圧特性を試験する。

表 14 — 動作保証最大電圧特性

項目		過電圧リレー	地絡過電圧リレー	不足電圧リレー
判定基準		動作すること		動作しないこと
試験条件	動作値整定	最大 b)		最大 c)
	試験方法 a)	電圧を 0 V から規定の入力電圧に急変		定格電圧から規定の入力電圧に急変
	印加時間	製造業者が明示する値		
	入力電圧	製造業者が明示する値		
試験の種類		形式試験		

注 a) 相間電圧が直接入力されず，各相の相電圧入力から合成される過電圧リレーと不足電圧リレーでは，1 相の相電圧回路に規定の入力電圧を印加して試験を行う。**表 15** に試験方法を示す。

b) 過電圧リレー及び地絡過電圧リレーの動作値整定は，最も動作しにくい最大で行う。

c) 不足電圧リレーの動作値整定は，最も動作しやすい最大で行う。

表 15 — 相電圧回路への電圧印加による動作保証最大電圧特性の試験方法

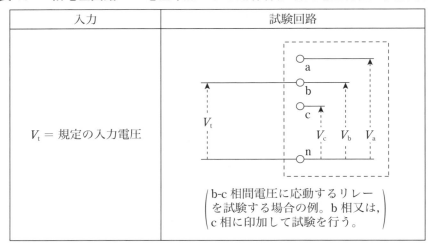

7.10 慣性動作

本項は，高速動作又は即時動作の不足電圧リレーに適用する（**附属書 K 参照**）。

7.10.1 性能

7.10.2 によって試験したとき，リレー動作とならない慣性動作時間を測定する。性能は製造業者明示とする。

7.10.2 試験及び検査

表 16 に示す試験条件で慣性動作時間を測定する。

a) 入力を公称動作値の 120 %→80 % へ急変し，動作時間を 5 回測定，最大値（t_m）を得る。

b) 入力を公称動作値の 120 %→80 % へ急変し，前記 t_m よりも 5 ms 短い時間で公称動作値の 120 % へ戻す。これを 5 回行い，リレー動作の有無を確認する。

c) リレー動作有りの場合は公称動作値の 80 % の印加時間を更に 5 ms 短縮し，同様の試験を実施，5 回とも動作しなくなるときの印加時間（t_s）を得る。

d) 上記 t_m と t_s の差を慣性動作時間として記録する。

表 16 — 慣性動作の試験条件

項目		不足電圧リレー
試験条件	動作値整定	最大
	入力電圧	公称動作値 × 120 %→80 %→120 %
試験の種類		形式試験

7.11 温度特性

7.11.1 性能

a) 7.11.2 a) によって動作値を測定したとき，

$$\frac{M_0 - M_{20}}{M_{20}} \times 100\ (\%),\ \frac{M_{40} - M_{20}}{M_{20}} \times 100\ (\%)$$

ここに，　M_0：周囲温度 0 ℃における実測値
　　　　　M_{20}：周囲温度 20 ℃における実測値
　　　　　M_{40}：周囲温度 40 ℃における実測値

は，表 17 の許容誤差以内でなければならない。

b) 7.11.2 b) によって動作値を測定したとき，

$$\frac{M_{-10} - M_{20}}{M_{20}} \times 100 \ (\%), \quad \frac{M_{50} - M_{20}}{M_{20}} \times 100 \ (\%)$$

ここに，M_{-10}：周囲温度 $-10\,^\circ\mathrm{C}$における実測値

M_{20}：周囲温度 $20\,^\circ\mathrm{C}$における実測値

M_{50}：周囲温度 $50\,^\circ\mathrm{C}$における実測値

は，**表 17** の許容誤差の 2 倍の値以内でなければならない。

7.11.2　試験及び検査

a)　**表 17** に示す試験条件で，周囲温度を $0\,^\circ\mathrm{C}$，$20\,^\circ\mathrm{C}$，$40\,^\circ\mathrm{C}$として動作値を測定する。

b)　**表 17** に示す試験条件で，周囲温度を $-10\,^\circ\mathrm{C}$，$20\,^\circ\mathrm{C}$，$50\,^\circ\mathrm{C}$として動作値を測定する。

表 17 — 温度特性

単位　　%

項目		過電圧リレー	地絡過電圧リレー	不足電圧リレー
許容誤差	2.5 V 級	±2.5		
	5 V 級	±5		
試験条件	動作値整定	最小	最小 [a]	最大
	動作時間整定	最小		
試験の種類		形式試験		
注 [a]　動作値が許容誤差を満足する最小整定値。				

7.12　制御電源電圧特性

7.12.1　性能

7.12.2 によって動作値を測定したとき，

$$\frac{M_{-V} - M}{M} \times 100 \ (\%), \quad \frac{M_{+V} - M}{M} \times 100 \ (\%)$$

ここに，M：制御電源電圧が定格値での実測値

M_{-V}：制御電源電圧が下限値での実測値

M_{+V}：制御電源電圧が上限値での実測値

は，**表 18** の許容誤差以内でなければならない。

7.12.2　試験及び検査

表 18 に示す試験条件で，制御電源電圧を**表 19** の下限値及び上限値として動作値を測定する。

表 18 — 制御電源電圧特性

単位　　%

項目		過電圧リレー	地絡過電圧リレー	不足電圧リレー
許容誤差	2.5 V 級	±2.5		
	5 V 級	±5		
試験条件	動作値整定	最小	最小 [a]	最大
	動作時間整定	最小		
試験の種類		形式試験		
注 [a]　動作値が許容誤差を満足する最小整定値。				

12

JEC-2520：2018

表 19 ― 制御電源電圧

単位　%

併用される制御電源の種類	制御電源電圧（定格値 = 100 %）	
	下限値	上限値
一般の直流制御電源	80	130
一般の交流制御電源，又は VT の線間電圧を電源とするとき	85	115
安定化された制御電源	製造業者の保証する値	

8 表示

この規格を適用するリレーの表示は，**JEC-2500** の表示の規定による。

なお，**JEC-2500** に定める表示事項のうち，電気規格調査会標準規格の番号は，**JEC-2520** を表示する。

附属書 A
（規定）
適用範囲

A.1 適用範囲

近年，製造又は適用されている電圧リレーは大部分がディジタル形（ディジタル演算形を指す）であることから，ディジタル形に限定して規定した。

A.2 適用対象のリレー

この規格の対象になる電圧リレーの例を次に示す。

a) 一つの外箱に1個，又は複数個収納された電圧リレー，若しくは一つの外箱に異種のリレーと共に収納された電圧リレー。

b) 過電圧リレー，地絡過電圧リレー，不足電圧リレー。

A.3 適用対象外となるリレー

A.3.1 リレーの例

この規格の対象外になるリレーの例を次に示す。

a) 電圧の変化率又は変化幅に基づき動作するリレー

b) 異種の電圧による抑制付きなどの電圧リレー

c) 三相電圧の正相分，逆相分に応動するリレー

d) 系統一次側の欠相検出を目的としたリレー

e) 電流補償付きなどの電圧リレー

f) 電圧平衡リレー，積分形の電圧リレー及び反限時電圧リレー

g) コンデンサ形分圧センサと組み合わせて使われる地絡過電圧リレー

なお，この規格の対象外とみなされる電圧リレーに対しても，適用可能な項目についてはこの規格を準用することが望ましい。

A.3.2 リレーの特性例

この規格の対象外になるリレーの特性例を次に示す。

電圧の最大値・平均値・高調波成分を含む実効値に応動する電圧リレーの定格周波数以外における性能，定格周波数において基本波成分以外の成分が含有される場合の性能（周波数特性，ひずみ波特性など）

14
JEC-2520：2018

附属書 B

（参考）

制定内容

　この規格は，1995 年に制定された電圧リレー全般を対象とする **JEC-2511** に対し，ディジタル形への適用に限定して制定するものである。

　ディジタル形リレー適用のメリットを製造業者，使用者が最大限享受するため，**JEC-2511** から不要となる項目，変更が必要な項目，リレーの性能の向上を目的とした許容値の厳格化，国際規格との整合など規定項目の多岐にわたって見直しを行った。この規格の理解の一助とするためこの附属書を設けた。

　なお，この規格制定後に新規に製造，適用されるディジタル形電圧リレーはこの規格によることが望ましいが，当面，従来設計のディジタル形電圧リレーも製造，適用され，**JEC-2511** によることもできるので，規定項目については **JEC-2511** を極力踏襲できるように努めた。

B.1　用語及び定義

　ディジタル形リレーへの適用，国際規格との整合，用語の意味の使用実態を考慮し，**JEC-2511** との用語及び定義の相違は次による。

B.1.1　不採用とした用語

a) 電気機械形リレーの応動機構の用語

　「誘導形」，「可動鉄心形」，「可動コイル形」

b) ディジタル演算形に当てはまらない用語

　「始動値」，「平均実測値」，「復帰総合特性」，「自己加熱特性」，「自己加熱状態」，「冷却状態」，「アナログ形」

c) 本文中で特定する必要のない用語

　「静止形」，「ディジタル形」

d) 用語の意味の変更に伴い不採用となった用語

　「釈放値」，「釈放時間」

B.1.2　追加した用語

a) 「動作保証最大電圧」

　JEC-2500 シリーズとの整合を図るために採用した。なお，動作保証最大電圧とは，正常な動作を保証する最大電圧であり，過電圧リレーと地絡過電圧リレーは動作を継続し，不足電圧リレーは不動作を継続する最大の電圧を意味する。

b) 「慣性動作」

　IEC 60255-127 との整合を図るために採用した。詳細の試験及び検査内容は **7.10.2** に記載されている。

　この規格では，不足電圧リレーについて，入力電圧急変時の応動の試験を規定した。

c) 「合成値の定格電圧」

　合成値の定義を明確にするため，用語を追加した。

B.2 種類，定格及び標準値

B.2.1 動作値・復帰値に関する分類（ひずみ波対策の有無）

JEC-2511 は静止形についてひずみ波対策の有無を規定しているが，ディジタル形リレーはディジタルフィルタの採用によりひずみ波に対する対策が容易であり，標準的にひずみ波対策を実施していることから，この規格ではひずみ波対策を講じた電圧リレーを標準とし，本分類は採用しなかった。

B.2.2 動作時間に関する分類

JEC-2511 の静止形では定限時に 2.5 T 級，5 T 級，10 T 級を規定しているが，管理方法を変更し，これらの動作時間階級を削除した。

また，JEC-2511 の電気機械形に反限時特性を規定しているが，電気機械形は対象としていないため，削除した。

B.2.3 整定範囲について

JEC-2511 のディジタル演算形（本書のディジタル形に相当）では複数の整定範囲が，標準値として規定されているが，標準系列の整定範囲に一本化した。

B.2.4 定格電圧について

JEC-2511 の地絡過電圧継電器では 110 V と 190 V を標準としていたが，JEC-1201 で 190 V は特殊品と規定されているため，この規格は 110 V を標準とした。

B.3 試験及び検査項目

ディジタル形への適用，JEC-2500 シリーズとの整合，IEC 60255-127 との整合を考慮し，試験及び検査項目を規格化した。参考とした JEC-2511 との差異は次による。

a) 不採用とした項目

「動作値の誤差の変動」，「自己加熱特性」，「復帰総合特性」

ディジタル形電圧リレーの項目として不要と判断した。

b) 追加した項目

2.1)「動作保証最大電圧特性」

大電圧領域で確実な応動を確認するため，この動作保証最大電圧で，過電圧リレーと地絡過電圧リレーは動作すること，不足電圧リレーは動作しないこととした。

2.2)「慣性動作」

IEC 60255-127 との整合を考慮し，試験項目を追加した。

c) 内容を変更した項目

前記以外は，JEC-2511 の試験及び検査の内容にならって規定したが，具体的な試験及び検査項目の内容については各箇条を参照のこと。

16

JEC-2520：2018

附属書 C

（参考）

種類・定格・標準値

C.1 種類

C.1.1 動作値階級に関する分類

JEC-2511 は静止形の動作値階級を 2.5 V 級と 5 V 級に分類している。この規格を制定する際に調査を行ったところ，2.5 V 級の製造実績はなかった。しかし，ディジタル形では 2.5 V 級の製造も容易と考え，従来どおりの動作値階級の分類にした。

C.1.2 動作時間に関する分類

JEC-2511 においては，静止形の動作時間特性を高速度と定限時に分類し，高速度は更に接点出力と無接点出力に分類，定限時は更に 2.5 T 級，5 T 級，10 T 級に分類している。この規格においては，高速度を**JEC-2511** にならい接点出力と無接点出力に分類したが，定限時は動作時間をリレー要素と出力回路の動作時間を合計したリレー動作時間と，タイマ動作時間に分け，それぞれを管理することで動作時間階級を廃止し，より精度の高い動作時間管理が行えるようにした。

なお，リレー動作時間とタイマ動作時間を区別して測定できないリレーは，各々の許容誤差はこの規定どおりとし，動作時間測定は入力電圧を印加してから出力するまでの時間を一括で測定してもよいものとした。

附属書 F に定限時リレーの動作時間試験についての説明を記載した。

C.1.3 ひずみ波対策に関する分類

JEC-2511 では，静止形をひずみ波対策の「あり」，「なし」で分類しているが，ディジタル形リレーはディジタルフィルタの採用によりひずみ波に対する対策が容易であり，標準的にひずみ波対策を実施していることから，この分類をなくした。

C.1.4 定格電圧に関する分類

相間電圧（△回路電圧）又は零相電圧で応動するリレーの定格電圧は 110 V，相電圧（Y 回路電圧）で応動するリレーの定格電圧は 63.5 V とした。**JEC-2511** では零相電圧で応動するリレーの定格電圧に 190 V を残していたが，**JEC-1201** では定格電圧 190 V の VT は特殊品となっていることから，定格電圧 190 V のリレーは **JEC-2511** によるものとし，この規格の標準値から削除した。

C.2 定格及び標準値

C.2.1 整定範囲

JEC-2511 では，ディジタル形電圧リレーで複数の整定範囲を標準値としていたが，ほとんどの整定範囲を満足する整定範囲を今後の標準系列として推奨していた。調査した製造業者各社では推奨の整定範囲で製造可能であることを確認し，**JEC-2511** で推奨している整定範囲に統一した。なお，整定範囲内で許容誤差を満足しない動作値整定が存在する場合は，製造業者がその範囲と許容誤差を明示することとした。

なお，190 V 定格の地絡過電圧リレーでは，**JEC-2511** に記載されている 10 〜 50 V 整定範囲を推奨する。

過電圧リレーにおいて，整定範囲の最小値は定格電圧とした。定格電圧で常時動作する可能性があるが，使用者に確認した結果，許容誤差を考慮の上，最小整定値付近で使用している実績もあることから，定格

JEC-2520：2018

電圧を整定範囲に含めることを許容した。

C.2.2　合成値で応動するリレーと定格電圧値

零相電圧又は相間電圧（△回路電圧）は，直接入力される場合と，入力された各相電圧（Y回路電圧）から合成，算出される場合がある。

零相電圧又は相間電圧を直接導入しているリレーでは，定格電圧値は入力回路の定格電圧値を示す。一方，各相電圧入力より算出されるリレーでは，定格電圧値は合成値の定格電圧値を示す。いずれの定格電圧値も同じ110 Vを標準として，リレーの整定値の基準として扱う。相電圧から相間電圧及び零相電圧を合成するリレーで，相電圧（定格63.5 V）から合成された合成値の定格電圧値及び演算方法を**表 C.1**に示す。

表 C.1 ― 合成値の定格電圧値

種類	合成値の定格電圧値	合成値の演算方法
地絡過電圧リレー	110 V	$\dfrac{1}{\sqrt{3}}(\dot{V}_a + \dot{V}_b + \dot{V}_c) = \sqrt{3}\dot{V}_0$
不足電圧リレー 過電圧リレー	110 V	$\dot{V}_a - \dot{V}_b,\ \dot{V}_b - \dot{V}_c,\ \dot{V}_c - \dot{V}_a$

注記　保護リレーにおける零相電圧値

零相電圧で応動するリレーの定格電圧は，110 Vである。これは，VTの三次ブロークンデルタ回路の抵抗接地系一線完全地絡時の出力が110 Vであることによる。これは，VTの二次回路，三次回路の定格電圧を合わせることで，二次，三次に接続される機器の標準化が図れることを狙ったものと推定される。

この電圧が地絡過電圧リレーに印加されるため，一般に注記なしでこの電圧を零相電圧と称している。この電圧は，対称座標法上の$\sqrt{3}\dot{V}_0$に対応していることに注意を要する。

なお，二次巻線，三次巻線の巻数を同一としたVTの三次ブロークンデルタの抵抗接地系一線完全地絡時の出力は，190 Vとなる。このVTは，**JEC-1201**で，特殊品とされている。

合成値に応動するリレーは，定格電圧110 Vのリレーと整定値の大きさを合わせるため，入力部又は合成値を生成する際に$1/\sqrt{3}$とする演算を行って$\sqrt{3}V_0 = 110$ Vとすることを標準とした。

18
JEC-2520：2018

附属書 D

（参考）

動作値

D.1 ディジタル形リレーの動作値誤差

ディジタル形リレーの性能は，演算アルゴリズムのほか，種々の要因で影響を受ける。ここでは，A/D変換部の性能が，保護リレーの動作値の精度へ影響を与える要因について説明する。

A/D 変換部の性能における，誤差要因として次のものがある。

・アナログ部誤差：固定分誤差と比例分誤差に分けられる。

　　固定分誤差：入力の大きさに無関係に発生する誤差であり，演算増幅器のオフセット電圧やホワイトノイズなどで発生する。

　　比例分誤差：入力の大きさに比例して発生する誤差であり，演算増幅器の増幅率変動などで発生する。

・量子化誤差：A/D 変換時の 1 ビットの重みで決まる誤差であり，固定分誤差として作用する。

公称動作値が小さい領域では，量子化誤差とアナログ部固定分誤差との影響が大きくなり，誤差の割合が大きくなる傾向がある。

最近のディジタル形リレーでは，**JEC-2502** ディジタル演算形保護継電器の A/D 変換部に準拠した 16ビット A/D 変換器の採用，オーバサンプリング等によるホワイトノイズの圧縮，アナログフィルタ特性のディジタルフィルタへの置き換え等により，アナログ部誤差及び量子化誤差ともに小さくなり，保護リレーの動作値の精度が向上してきている。

単一入力リレーの場合の，12 ビット A/D 変換器及び 16 ビット A/D 変換器における誤差例を**表 D.1** と**図 D.1** に記載する。

表 D.1 — 誤差成分の大きさとフルスケール例

項目			12 ビット A/D 変換器	16 ビット A/D 変換器
誤差成分	量子化誤差	ε_q	0.025 %	0.0015 %
	アナログ部固定分誤差	ε_f	0.02 %	0.0107 %
	アナログ部比例分誤差	ε_p	0.5 %	0.5 %
フルスケール		V_{FS}	163.84 V	163.84 V

ここで，公称動作値を V_T として，V_T に対する総合誤差は，12 ビット A/D では，

$$\varepsilon_{12} = \frac{V_{FS}}{V_T} \times (\varepsilon_q + \varepsilon_f) + \varepsilon_p = \frac{V_{FS}}{V_T} \times (0.025 + 0.02) + 0.5$$

$$= \frac{V_{FS}}{V_T} \times 0.045\% + 0.5\%$$

16 ビット A/D では，

$$\varepsilon_{16} = \frac{V_{FS}}{V_T} \times (\varepsilon_q + \varepsilon_f) + \varepsilon_p = \frac{V_{FS}}{V_T} \times (0.0015 + 0.0107) + 0.5$$

$$= \frac{V_{FS}}{V_T} \times 0.0122\% + 0.5\%$$

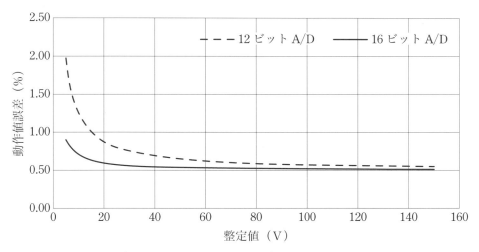

図 D.1 — 12 ビット A/D 変換器と 16 ビット A/D 変換器での動作値誤差例

D.2　2.5 V 級と 5 V 級の扱いと，誤差管理方法の変更

JEC-2511 では，ディジタル形リレーの誤差特性に合わせて，図 D.2 に示すように公称動作値が小さいところでは，許容誤差を大きくするという考え方を基に，ε を導入して，この ε を基に動作値等の性能を管理していた。ε は，次に示す値としていた。

・公称動作値が定格値の 80 ％以上：$\varepsilon = 2.5$ ％
・公称動作値が定格値の 80 ％未満：$\varepsilon = 2.3$ ％ ＋（定格値 ÷ 公称動作値）× 0.16 ％

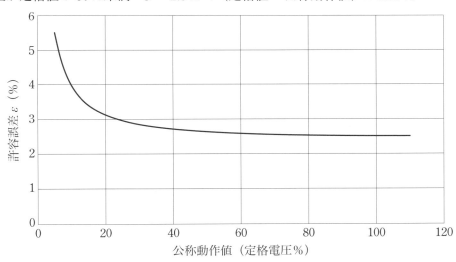

図 D.2 — JEC-2511 に規定の各整定値に対する許容誤差

　また，復帰総合特性試験を実施して，温度特性，制御電源電圧特性，周波数特性の影響を加味した総合誤差で規定の性能を満足することを確認していた。動作階級の 5 V 級の静止形不足電圧リレーでは，復帰総合特性の復帰率は 113 ％以下で，90 V 整定では，復帰値が最大 101.7 V となり，平常時の運用電圧でも復帰できない場合があって適用上問題があることから，これを 110 ％以下に収めるため，2.5 V 級を新たに設けていた。

　しかし，今回規格を制定するに当たり，ディジタル形電圧リレーに関する製造業者への調査を実施した

20
JEC-2520：2018

ところ，2.5 V級を採用したものはなく，またεを基に公称動作値の大きさで，動作値許容誤差を変えて管理しているものもなかった。

これは，ディジタル形電圧リレーでは，復帰総合特性における温度変動，制御電源電圧変動の影響は軽微であり，5 V級でも110 ％以下の性能を十分満足できることと，特別にεを基に公称動作値の大きさで，動作値許容誤差を変えた煩雑な管理は不要であったことによる。

この規格では，ディジタル形電圧リレーをより高精度な用途で適用する場合も考慮して2.5 V級は残すこととするが，他保護リレー規格と同様に整定範囲内では一律の許容誤差で管理する方法に変更し，2.5 V級では許容誤差±2.5 ％以下，5 V級では許容誤差±5 ％以下とする。

なお，ディジタル形電圧リレーの性能面からみて，5 V級であっても，大きな整定値の範囲では2.5 V級で管理することは可能であり，小さな整定値の範囲のみ5 V級として管理する方法を推奨する。

D.3 整定値の範囲で誤差判定基準を満足しない場合

この規格では，標準の整定値の範囲を，**JEC-2511**に記載の今後の標準系列に一本化して，より広い整定範囲とした。

ディジタル形リレーでは，フルスケールの設定方法により，公称動作値が低い領域では量子化誤差などにより，許容誤差が満足できない場合がある。そこで，許容誤差を満足しない動作値整定が存在する場合は，製造業者はその範囲と許容誤差を明示するとともに，形式試験では，最小整定値，及び許容誤差を満足する最小整定値で，ルーチン試験では，許容誤差を満足する最小整定値で，動作値試験を実施することとした。

D.4 ディジタルリレーの試験点（最大，中間，最小）

ディジタル形リレーの場合，テンキーなどからの入力に基づいてソフトウェアで数値演算して整定値を設定するものが多い。

このようなものでは整定できる値が非常に多く，全整定値について動作値を測定するのは膨大な時間がかかり，現実的でない。

そこで，ディジタル形リレーの特質を考慮して，最大，中間，最小値で試験を実施することとした。

D.5 ルーチン試験におけるリレー特性試験の省略について

ディジタル形リレーの場合，ソフトウェア部分は形式試験で確認されており不変であるため，ルーチン試験では個体差のあるハード部分（アナログ入力部）を確認することでよいと考えられる。そこで，リレー特性試験ではアナログ入力チャンネルの確認のため，代表要素での試験でもよいこととする。

附属書 E
（参考）
復帰値

E.1 動作整定値と復帰整定値に差があるリレーの扱い

製造業者への調査により，動作整定値と復帰整定値を同じ値としているものと，動作値付近の交流入力によるリレー出力の動作・復帰の繰り返しを避けるために，動作整定値及び復帰整定値に差を設けているものがあった。

この場合の復帰値の許容範囲は，次のとおりとする。

・過電圧リレー，地絡過電圧リレー（動作整定値 M_{opset} ＞ 復帰整定値 M_{reset}）

　　2.5 V 級：$(0.975 \sim 1.0) \times$ 動作値 M_{op} －（動作整定値 M_{opset} － 復帰整定値 M_{reset}）

　　5 V 級　：$(0.950 \sim 1.0) \times$ 動作値 M_{op} －（動作整定値 M_{opset} － 復帰整定値 M_{reset}）

・不足電圧リレー（動作整定値 M_{opset} ＜ 復帰整定値 M_{reset}）

　　2.5 V 級：$(1.0 \sim 1.025) \times$ 動作値 M_{op} －（動作整定値 M_{opset} － 復帰整定値 M_{reset}）

　　5 V 級　：$(1.0 \sim 1.05) \times$ 動作値 M_{op} －（動作整定値 M_{opset} － 復帰整定値 M_{reset}）

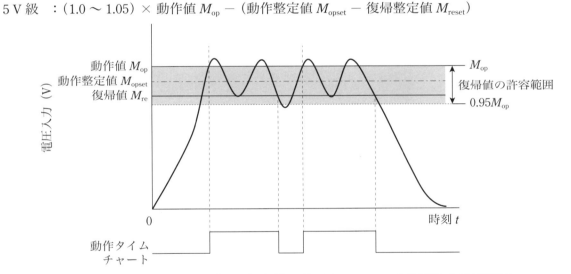

図 E.1 ― 動作整定値及び復帰整定値に差がないリレーの復帰値の許容範囲
（5 V 級における過電圧リレー，地絡過電圧リレーの例）

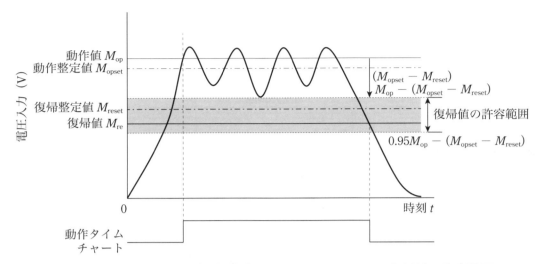

**図 E.2 — 動作整定値及び復帰整定値に差があるリレーの復帰値の許容範囲
（5 V 級における過電圧リレー，地絡過電圧リレーの例）**

附属書 F
（参考）
動作時間

F.1 動作時間の管理方法の変更

JEC-2511 の高速度リレーの動作時間の規定では，静止形リレーの接点出力の動作時間と無接点出力の動作時間に，過電圧リレーのみ 15 ms の時間差を考慮していたが，この規格では，他のリレーと同じ 10 ms の時間差とし，接点出力の動作時間の性能を 45 ms 以下に変更した。

JEC-2511 の定限時と反限時の動作時間規定では，静止形リレーに，動作時間整定 n を定義して，この n の値によって，許容誤差 ε_n を変えて管理する方法をとっていて煩雑であった。**図 F.1** に定限時リレーの動作時間の許容誤差範囲を示す。ここで，ε_a は基準動作時間整定における許容誤差である。

$$\varepsilon_n = \frac{T_n - \dfrac{n}{10} \times T_{10}}{T_{10}} \ (\%)$$

ここに，　ε_n：動作時間誤差（％）
　　　　　T_{10}：基準動作時間整定における公称動作時間（秒）
　　　　　T_n：動作時間整定 n における動作時間（秒）
　　　　　n：動作時間整定

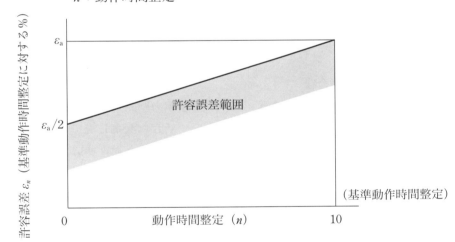

図 F.1 — JEC-2511 における定限時リレーの動作時間の許容誤差

定限時リレーはリレー要素，タイマ及び出力回路から構成され，リレー要素及び出力回路の動作時間に対して長いタイマを挿入することにより，入力電圧の大きさによらず一定の時限で動作するようにしたものである。ディジタル形の場合，タイマの誤差は小さい。動作時間は長く動作時間の誤差は動作時間整定及び動作値階級の影響を受けないので，この規格では，動作時間整定 n 及び 2.5 T 級，5 T 級，10 T 級の階級管理をやめ，一律での誤差管理をする方法とした。詳細な説明は，**F.3** に記載する。

F.2　形式試験での試験点の追加

不足電圧リレーの動作時間は，入力電圧の変化前後の値と整定値の関係で決まる。特に整定値が小さく，変化後の電圧値（公称動作値 × 90 %）との差が小さいとき，動作時間が遅くなる傾向がある。図 F.2 に不足電圧リレーの動作時間特性例を示す。線の幅で，動作時間の変動幅（最大値，最小値）を表す。

そこで，形式試験としては，動作値整定を最大と最小，変化後の入力電圧として，公称動作値の 90 %，70 % 及び 0 % を実施して動作時間の動作整定値特性を把握し，動作時間の判定基準は動作値の最大整定値で，入力電圧を定格電圧から公称動作値の 70 % に急変する試験条件で満足することとした。また，動作値の最小整定値で，定格電圧から公称動作値の 70 % に急変する試験条件で，この判定基準を満足できないときは，判定基準を満足する整定値でも試験を実施することとした。

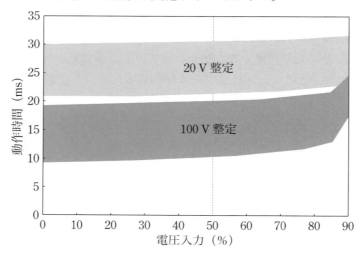

図 F.2 — 不足電圧リレーの動作時間特性例

F.3　定限時リレーの動作時間管理

定限時リレーの動作時間は，リレー要素，タイマ及び出力回路の動作時間の合計であるが，製造業者によって，それぞれを個別に測定できるものとそれらを一括した測定しかできないものがあり，リレー要素及び出力回路の動作時間は製造業者のものづくりによるところが大きいので，一律の動作時間，測定方法による管理は適さない。

そこで，タイマを除いたリレー要素及び出力回路の動作時間は，それを合計したリレー動作時間として管理することとし，製造業者が時間範囲で明示することとした。

また，タイマの動作時間は，サンプリングクロックの周期誤差，リレー要素とタイマの演算実行タイミングのずれによる誤差などの影響がある。サンプリングクロックの周期誤差は，水晶発振クロックの周波数偏差で決まるもので，温度変動，制御電圧の影響は軽微であり，経年変化も少なく非常に小さいことから許容誤差を ± 1 % 以下とした。リレー要素とタイマの演算実行タイミングのずれは，最大でもタイマカウンタの 1 クロック周期分を考慮すればよく，一般的に電気角 90 度，又は 30 度の周期でカウントされているので，50 Hz 系で 5 ms，60 Hz 系で 4.167 ms を考えればよいことから，2 倍の裕度をみて許容誤差を 10 ms 以下とした。よって，タイマの動作時間は，これら二つの誤差を考慮し，整定値の ± 1 % ただし 10 ms を下回らない時間での管理とした。

動作時間の測定は，リレー要素，タイマ及び出力回路個別でも一括でもよいこととした。個別に測定した場合，リレー要素と出力回路の動作時間測定値の合計がリレー動作時間判定基準に入っているかどうか

で判定する。また，一括測定の場合，リレー動作時間判定基準＋タイマ動作時間判定基準の許容誤差以内に入っていることを確認する。

F.4 即時動作リレー

即時動作のリレーの動作時間は，構造・用途による差異が大きいため規定しないこととし，製造業者はその時間特性を明示することとした。

JEC-2520：2018

附属書G

（参考）

復帰時間

G.1 復帰時間管理

電気機械形では復帰時間と釈放時間でかなりの差があるものが多いが，ディジタル形等の静止形ではその原理からみて復帰時間と釈放時間で大差のないものがほとんどである。そこで，本試験では復帰時間（＝釈放時間）を測定して管理することとした。

G.2 復帰遅延等を設けたリレーの扱い

リレー動作出力後，遮断器の動作が完了するまで，出力信号を引き延ばす等のために，復帰遅延等を設けたものがあった。このようなリレーでは，復帰遅延時間を製造業者は明示することとした。

G.3 入力電圧の試験条件

不足電圧リレーの復帰時間試験では，主回路設備を充電するときを考慮して，"入力零から定格電圧に急変"も形式試験での管理点に加えることを推奨する。

附属書 H
（参考）
周波数特性

H.1　許容誤差±5％の説明

　この規格では，**5** の**表 1** において，動作値階級 2.5 V 級を定めている。ディジタル形電圧リレーでは，フルスケールの設定，高分解能の A/D 変換器の採用などにより，定格周波数における動作値精度の向上を図っている。また，動作時間特性及びひずみ波特性は入力フィルタ特性，演算原理による影響が大きく，動作値階級 2.5 V 級で高速度形のものについては検出原理上，周波数特性の許容誤差を±2.5 ％以内に抑えることが困難なため，動作値階級 5 V 級と同じ許容誤差±5 ％とすることに統一し，即時形，定限時形もこれに合わせて管理することとした。

H.2　ひずみ波対策

　この規格の **7.7 表 12** の注 [a] 記載の "ひずみ波対策" は，**JEC-2511** では "特殊なひずみ波対策" と記載されていた。これまでの経緯より，"特殊なひずみ波" とは非接地系統における針状波の間欠地絡事故電流を想定しているものと考えられるが，"ひずみ波" と "特殊なひずみ波" とは明確な区分がない。また，必ずしも間欠地絡事故対策を実施した場合以外でも周波数特性に影響が出る場合があるため，この場合には製造業者の明示する許容誤差によるものとした。

JEC-2520：2018

附属書 I
（参考）
ひずみ波電圧特性

I.1 誤差管理の変更

この規格は，ディジタル形に特化したものであるため，**JEC-2511** の**表 19.1** の高速度形に対応するが，規格の簡素化を図り，印加ひずみ波成分のひずみ率，許容誤差を次の方針に従い統一した。

JEC-2511 の**解説 12** の**(1)(a)**に記載のとおり，ひずみ率 $\rho_V = 90\%$ での実力値±10％を採用し，印加ひずみ波成分を **JEC-2511** の**表 19.1** のひずみ率上限値の 90％とし，許容誤差を±10％とした。

I.2 評価方式

基本波評価方式による性能評価条件を規定したのは，電力系統の電圧値の検討，整定値の決定などの電圧リレーの適用が主として基本周波数成分を対象として検討されているためである。ひずみ波特性の評価方式には，ほかにピーク値評価方式，実効値評価方式などがあるが，次の理由によりこれらの評価方式による性能評価条件を規定しなかった。

a) ピーク値評価方式は，鉄共振などによる特殊異常波形過電圧の保護を対象とする場合には，適しているが，入力波形の尖（せん）鋭度や正負の対称性が異なる場合の応動をどのような波形で評価するかなど，試験方法が確立されていない。

b) 実効値評価方式は，過負荷保護用の過電流リレーに適用する場合があるが，電力系統における電圧のひずみ率は低く，電圧リレーでは，実効値評価方式で特性を評価する必要はない。

I.3 含有高調波，含有率

a) 含有高調波の次数

1) 減衰極のないフィルタによってひずみ波対策を行ったもので，原理的にひずみ波電圧による誤差が 3 次高調波含有時に最も大きくなることが明確なときは，3 次高調波含有時の試験のみでひずみ波電圧特性を評価してもよい。

2) 減衰極のあるフィルタによってひずみ波対策を行ったものでは，減衰極以外の高調波を含有したときのひずみ波電圧特性が問題となるので，原理的にフィルタによる減衰が最も小さい高調波（ただし，3 次高調波以上）を含有させて試験し，ひずみ波電圧特性を評価することが望ましい。

3) 5 又は 7 次高調波含有による試験は，フィルタなどによるひずみ波の対策を特に行っておらず，3 次高調波含有時の試験のみでは原理的にひずみ波電圧特性を評価できない場合のことを考えて規定したものである。

b) 含有率

1) ひずみ波電圧特性のひずみ率は，事故時電流ひずみ率に関係する。事故時電流ひずみ率は，**JEC-2515 参考 7 参考図 7.2** に示されるように，同一系統条件の中で，事故点位置の変更のみで高調波次数を変化させた場合，高調波次数の上昇に伴い上昇するため，3 次高調波で 30％を基準とすると，5, 7 次高調波では，それぞれ，50％，70％となる。

また，高調波次数 n，電圧ひずみ率 ρ_V，電流ひずみ率 ρ_I の間には，

$$\rho_V = \sqrt{\cos^2\theta + n^2\sin^2\theta} \cdot \rho_I$$

の関係がある（**JEC-2516 解説 11（9）**参照）。

2）一方，**JEC-2511** では，事故発生時の電圧ひずみは定格運転状態との差にほぼ比例するものとの考え方から電圧ひずみ率 ρ_V を次のように定めている。

$$\rho_V = \frac{|公称動作電圧 - 定格電圧|}{公称動作電圧} \times 100\,（\%）$$

また，試験上の制約から，試験条件に ρ_V の上限と下限を定めている。

3）**JEC-2511** では，試験にて印加する電圧ひずみ率 ρ_V が変化するため，対応する許容誤差も高速度形で $\pm\rho_V/5\,\%$，その他で $\pm\rho_V/9\,\%$ とし，下限値を定めていた。これは，電圧ひずみ率 $\rho_V = 90\,\%$ において，それぞれ，$\pm 14.4\,\%$，$\pm 10\,\%$ に相当する。

4）以上の考察により，**JEC-2510**，**JEC-2515**，**JEC-2516**，**JEC-2517**，**JEC-2518** では，3，5，7 次高調波まで同一の整定値で試験を行う便宜上，電流ひずみ率を一律 30\,% としている。そこで，電圧ひずみ率を **JEC-2519** に合わせ，一律，**JEC-2511** の上限値である 90\,% とした（**表 13**）。また，重畳するひずみ波電圧によらず，許容誤差を $\pm 10\,\%$ に統一した。

I.4　高調波の重ね合わせ

a）基本波電圧に高調波電圧を重ね合わせる方法として同期と非同期がある。ひずみ波電圧特性では広い範囲の電圧波形を対象とするので，重ね合わせ位相は $0°\sim 360°$ 全ての範囲を考える必要がある。そこで，ひずみ波電圧特性の試験は $0°\sim 360°$ の範囲を連続的に重ね合わせできる非同期方法で行うことを原則として，試験の簡素化を図った。

b）非同期方法の場合の滑りの速さは，リレーの動作・復帰が十分確認できる程度とする必要があり，そのためリレーの動作時間及び復帰時間に相当する時間内での滑り角度が一定値以下となるよう管理する必要がある。具体的には，動作時間又は復帰時間のいずれか長い方の時間内での滑りが $10°$ 以下となる速さで滑らせること，更に重ね合わせ位相 $0°\sim 360°$ をカバーするために電圧印加時間は 1 滑り以上滑るまでの時間とすることが望ましい。

例えば，動作時間又は復帰時間のうち長い方の時間が 50 ms のリレーでは，

$$1\,滑り時間 \geq \frac{360°}{10°} \times 50\,\text{ms} = 1800\,\text{ms}$$

すなわち，1 滑り 1.8 秒以上とすることが望ましい。

c）第 N 高調波を同期方法で重ね合わせたときのひずみ波電圧 E は，

$$E = E_1\sin\omega t + E_N\sin(N\omega t + \varphi)$$

ここに，　　E_1：基本波電圧の波高値

　　　　　　E_N：第 N 高調波電圧の波高値

　　　　　　ω：基本波電圧の角速度

　　　　　　φ：第 N 高調波の重ね合わせ位相（高調波の位相で表したもの）

と表せる。

"高調波の位相で $90°$ ごと" とは，上式の φ の値を $90°$ ごとに $360°$ まで変化させることをいう。

30

JEC-2520：2018

附属書 J

（参考）

動作保証最大電圧

　直接接地系，抵抗接地系に設置されるディジタル形リレーでは，系統で発生する最大電圧にマージンを
みてフルスケールを設定する必要がある。一方，低電圧領域での精度を高めるためには，必要最小限のフ
ルスケールとすることが望ましい。製造業者が，フルスケールを明示すれば，使用者の利便にかなうわけ
ではあるが，**IEC** 規格では，effective range（精度保証範囲），operating range（動作保証範囲）として，よ
り利便性の高い宣言方法が採用されている。保護リレー装置標準化委員会関連規格では，**JEC-2516** より，
フルスケールの大きさにかかわらず，"動作"は動作状態を継続する意味に用い，動作保証最大電流，又
は，動作保証最大電圧の明示と試験を規定する形とし，**JEC-2515**，**JEC-2517** では，内部事故に対する動
作保証と，外部事故に対する不動作保証を分けて定義，規定していた。この規格では，"動作"を"リレー
若しくは保護リレー装置などが所定の責務を遂行する事象"とする定義を用い，動作保証最大電圧におい
て，過電圧リレー，地絡過電圧リレーは動作（operate）継続，不足電圧リレーは不動作（reset）継続を
確認することとした。

J.1　考慮すべき最大電圧

　一般に，直接接地系，抵抗接地系では，

　　　　　　　　最大電圧

　　　　　　　　　＝（定格値）×（最高許容電圧 p.u. 値）×（一線地絡事故時の電圧上昇）×（裕度）
で，最大電圧が示される。

　しかし，非接地系の高圧配電系統や，消弧リアクトル接地系統（ペテルゼンコイル接地系統）では，前
記の電圧を超える異常電圧が発生することが知られている。

　a 相一線地絡事故時の健全相（進み相）対地電圧の大きさ V_c は，対称座標法を用いて次のように求めら
れる。

$$V_c = \left| \frac{(a-1)\dot{Z}_0 + (a-a^2)\dot{Z}_2}{\dot{Z}_0 + \dot{Z}_1 + \dot{Z}_2} \right| \times E_a$$

　　　　ここに，　E_a：事故発生直前の地絡事故点の対地電圧

　　　　$\dot{Z}_0,\ \dot{Z}_1,\ \dot{Z}_2$：事故点から系統側をみた零相，正相，逆相インピーダンス

　　　　　　　　$\dot{Z}_0 = R_0 + jX_0,\ \dot{Z}_1 = R_1 + jX_1,\ \dot{Z}_2 = R_2 + jX_2$

　　　　　　$a：1\angle\frac{2\pi}{3} = -\frac{1}{2} + j\frac{\sqrt{3}}{2}$（ベクトルオペレータ）

　正相及び逆相インピーダンスの抵抗分は，リアクタンス分と比べて小さいので省略し，また事故発生直
後は，$\dot{Z}_1 \fallingdotseq \dot{Z}_2$ の関係が成り立つので，

　　　　　　　　$\dot{Z}_0 = R_0 + jX_0,\ \dot{Z}_1 = \dot{Z}_2 \fallingdotseq jX_1$

を代入すると，健全相対地電圧 V_C の上昇率は次式より求まる。

$$\left|\frac{V_c}{E_a}\right| = \left|\frac{\left(-\frac{3}{2}+j\frac{\sqrt{3}}{2}\right)\left(\frac{R_0}{X_1}+j\frac{X_0}{X_1}\right)-\sqrt{3}}{\frac{R_0}{X_1}+j\left(2+\frac{X_0}{X_1}\right)}\right|$$

図 J.1 に高圧配電系統における一線地絡事故時の健全相対地電圧 V_c（進み相）上昇例を示す。

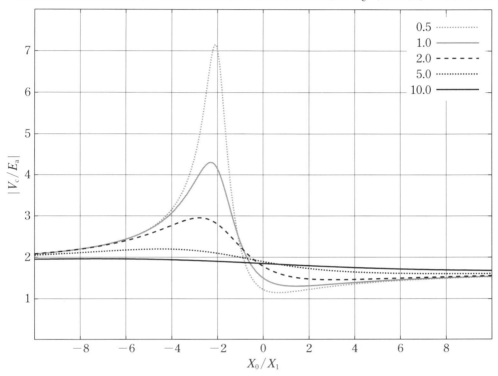

図 J.1 — 一線地絡事故時の健全相電圧上昇例

電力系統での異常電圧をケーブル耐量から考えると，「電気設備技術基準・解釈」の電路の絶縁抵抗及び絶縁耐力から，最大使用電圧 7 000 V 以下の電路では，最大使用電圧の 1.5 倍の電圧に 10 分間加えて耐えることの規定である。高圧系統 6 600 V の最高使用電圧は 6 900 V で，その 1.5 倍は 6 900 V × 1.5 = 10 350 V で，VT 二次に換算すると，10 350 V × (110 V / 6 600 V) = 172.5 V となる。

同様に他の電圧クラスについて計算を実施すると，
・電圧クラス 7 000 ～ 60 000 V，倍率 1.25 倍，VT 二次換算値 143.75 V
・電圧クラス 60 000 ～ 170 000 V，1.1 倍，126.5 V
・電圧クラス 170 000 V 以上，0.72 倍，82.8 V

となる。

J.2 動作保証最大電圧の試験方法

表 14 に示す方式で，動作保証最大電圧特性を試験する。過電圧リレー，地絡過電圧リレーは，動作継続を確認，不足電圧リレーは，不動作継続を確認するものとする。

なお，製造業者が明示する動作保証最大電圧は，フルスケールの 110 ％ であってもよい。また，印加時間は，JEC-2500 の短時間過負荷耐量を超えない範囲であってもよい。

相間電圧が直接入力されず，各相の相電圧入力から合成される過電圧リレーと不足電圧リレーでは，1

相の相電圧回路に動作保証最大電圧を印加して試験を行うこととした。これは，高圧配電系統等における一線地絡事故時の相電圧の電圧上昇に即したもので，この試験方法で電圧リレーに不正応動がないことを確認する。

附属書 K
（参考）
慣性動作

K.1 慣性動作試験の目的と試験方法の説明

　この規格で対象とするディジタル形の高速度リレー，即時動作リレーでは，電気機械形の誘導円板形リレーのような慣性動作は原理的に生じないが，入力が変化しても内部の演算には，それまでの入力の影響による遅延が生じるため，この遅延時間が慣性動作に相当する時間として現れる。

　JEC-2511 では慣性動作に関する規定はなかったが，ディジタル形では事故が短時間で自然消滅するような場合でもリレーが動作することがあり，あらかじめ動作に至る最小時間を把握しておくのが望ましいこと，また，**IEC 60255-127** において，不足電圧リレーについて，オーバシュート時間測定（**6.5.1 overshoot time for undervoltage protection**）が規定されており，この試験方法が，高速度形の不足電圧リレーの慣性動作試験に対応することなどから，本規定を追加することにした。

a）　この規格における慣性動作の目的

　　不足電圧リレーの動作に至る最小時間を把握する。

b）　試験方法

　　一般に限時形リレーの慣性動作試験は，基準の動作時間に対し，規定の減じる値を減じた時間入力を印加して，動作しないことを確認する方法が用いられる。しかしながら，この規格では，高速度形，即時形を対象としているため，その動作時間が非常に速く，減じる値との誤差が出やすい。そこで，同一条件で動作時間を測定し，そこから 5 ms ずつ入力時間を変化させて，不動作となる時間を測定する方式を採用している。本試験方法は，**IEC 60255-127** に準拠するものである。

c）　注意事項

　　この規格では，**IEC 60255-127** に準拠するため，試験時の遮断位相を規定していない。慣性動作特性を正確に測定する必要のある場合には，遮断位相ごとの動作時間と慣性動作時間を測定することが望ましい。

34

JEC-2520：2018

附属書 L

（参考）

合成値に応動するリレーの誤差

相電圧（Y回路電圧）の電圧入力を加算した零相電圧又は相間電圧（△回路電圧）で応動するリレーに，この規格を適用する場合の試験中の入力電圧印加方法を，試験の容易性などを考慮し **7.2 表 5** の方法とした。

しかし，これらの方法により得られる電圧は，電力系統事故中における電圧現象とは異なる。したがって，**表 5** の方法による応動値と電力系統事故の際の応動値とは，わずかではあるが差があることに留意しておく必要がある。

この附属書では，**表 5** の方法による応動値と電力系統事故の際の応動値との差について説明する。

L.1　電力系統事故を模擬した入力印加方法とこの規格で規定する入力印加方法の誤差の関係

L.1.1　電力系統事故の際の典型的電圧現象を模擬する入力印加方法

a） 地絡過電圧リレー

非有効接地系統の一相地絡事故を模擬する試験：**表 L.1** の**図 B1** のように三相平衡の電圧 $\dot{E}$，$a^2\dot{E}$，$a\dot{E}$ の中性点に試験電圧 $\dot{V}_t$（零相電圧に等しい）を加えた電圧を印加する。$\dot{E}$ の大きさは原則として定格電圧とし，$\dot{E}$ と $\dot{V}_t$ の位相差を変えることによって異なる相の地絡を模擬することができる。

b） 相間電圧に応動する過電圧リレー

三相平衡電圧上昇を模擬する試験：**表 L.1** の**図 B2** のように三相平衡の試験電圧 $\dot{V}_t$，$a^2\dot{V}_t$，$a\dot{V}_t$ を印加する。

c） 相間電圧に応動する不足電圧リレー

三相事故を模擬する試験：**表 L.1** の**図 B3** のように三相平衡の試験電圧 $\dot{V}_t$，$a^2\dot{V}_t$，$a\dot{V}_t$ を印加する。

二相（相間）短絡事故を模擬する試験：**表 L.1** の**図 B3** のように次式の二相短絡模擬電圧を印加する。

$$\dot{V}_a = \dot{E}$$
$$\dot{V}_b = \frac{1}{2}(-\dot{E} - \dot{V}_t)$$
$$\dot{V}_c = \frac{1}{2}(-\dot{E} + \dot{V}_t)$$

ただし，$\dot{E}$ は原則として定格電圧，$\dot{V}_t$ は試験電圧で，$\dot{V}_t$ は $\dot{E}$ より 90° 進みとする。

L.1.2　各種入力印加方法における誤差評価式

表 L.1 の**図 B1**，**図 B2** 及び**図 B3** による方法とこの規格規定の**図 A1** 及び**図 A2** による方法とでは，相電圧（Y回路）の電圧入力からの合成により取得する際の誤差の影響が動作値に現れる。

すなわち，入力各相電圧 $\dot{V}_a$，$\dot{V}_b$，$\dot{V}_c$ の取得値を各々比例分誤差 $\dot{\varepsilon}_A$，$\dot{\varepsilon}_B$，$\dot{\varepsilon}_C$（複素数）のみを考慮し，次式とする。

$$\left.\begin{array}{l}\dot{V}_a \text{の取得値} = (1 - \dot{\varepsilon}_A)\dot{V}_a \\ \dot{V}_b \text{の取得値} = (1 - \dot{\varepsilon}_B)\dot{V}_b \\ \dot{V}_c \text{の取得値} = (1 - \dot{\varepsilon}_C)\dot{V}_c\end{array}\right\} \quad\cdots\cdots\cdots\cdots\cdots\cdots\cdots\cdots\cdots\cdots\cdots \text{(L.1)}$$

各相電圧値が（L.1）式で与えられる場合，各入力印加方法で得られる合成値は**表 L.1** のようになる。

表 **L.1** の図 **B1**〜図 **B3** の試験方法のとき，誤差評価式における（L.3）式，（L.5）式及び（L.6）式の第2項が，図 **A1** 及び図 **A2** の方法に対して増加する誤差である。誤差は第1項の誤差に加算されるが，両者の位相関係によっては誤差を大きくすることも小さくすることもある。

表 L.1 ― 零相電圧及び相間電圧のソフト合成による誤差

	試験回路	誤差評価
零相電圧	図 A1	$\dot{V}_a = (1 + \dot{\varepsilon}_A)\dot{V}_t$ $\dot{V}_b = (1 + \dot{\varepsilon}_B)\dot{V}_t$ $\dot{V}_c = (1 + \dot{\varepsilon}_C)\dot{V}_t$ $\dot{V}_{0A} = \dfrac{1}{3}(\dot{V}_a + \dot{V}_b + \dot{V}_c)$ $\qquad = \left\{ 1 + \dfrac{1}{3}(\dot{\varepsilon}_A + \dot{\varepsilon}_B + \dot{\varepsilon}_C) \right\}\dot{V}_t \qquad \cdots\cdots\cdots\text{(L.2)}$
	図 B1	$\dot{V}_a = (1 + \dot{\varepsilon}_A)(\dot{E} + \dot{V}_t)$ $\dot{V}_b = (1 + \dot{\varepsilon}_B)(a^2\dot{E} + \dot{V}_t)$ $\dot{V}_c = (1 + \dot{\varepsilon}_C)(a\dot{E} + \dot{V}_t)$ $\dot{V}_{0B} = \dfrac{1}{3}(\dot{V}_a + \dot{V}_b + \dot{V}_c)$ $\qquad = \left\{ 1 + \dfrac{1}{3}(\dot{\varepsilon}_A + \dot{\varepsilon}_B + \dot{\varepsilon}_C) \right\}\dot{V}_t$ $\qquad + \dfrac{1}{3}(\dot{\varepsilon}_A + a^2\dot{\varepsilon}_B + a\dot{\varepsilon}_C)\dot{E} \qquad \cdots\cdots\cdots\text{(L.3)}$
相間電圧	図 A2	$\dot{V}_b = \dfrac{1}{2}(1 + \dot{\varepsilon}_B)\dot{V}_t$ $\dot{V}_c = -\dfrac{1}{2}(1 + \dot{\varepsilon}_C)\dot{V}_t$ $\dot{V}_{bc1} = (\dot{V}_b - \dot{V}_c)$ $\qquad = \left\{ 1 + \dfrac{1}{2}(\dot{\varepsilon}_B + \dot{\varepsilon}_C) \right\}\dot{V}_t \qquad \cdots\cdots\cdots\text{(L.4)}$
	図 B2	$\dot{V}_b = \dfrac{1}{2}(1 + \dot{\varepsilon}_B)\dfrac{a^2\dot{V}_t}{\sqrt{3}}, \quad \dot{V}_c = \dfrac{1}{2}(1 + \dot{\varepsilon}_C)\dfrac{a\dot{V}_t}{\sqrt{3}}$ $\dot{V}_{bc2} = (\dot{V}_b - \dot{V}_c)$ $\qquad = (1 + \dot{\varepsilon}_B)\left(-\dfrac{1}{2} - j\dfrac{\sqrt{3}}{2} \right)\dfrac{\dot{V}_t}{\sqrt{3}}$ $\qquad\quad - (1 + \dot{\varepsilon}_C)\left(-\dfrac{1}{2} + j\dfrac{\sqrt{3}}{2} \right)\dfrac{\dot{V}_t}{\sqrt{3}}$ $\qquad = j\left\{ 1 + \dfrac{1}{2}(\dot{\varepsilon}_B + \dot{\varepsilon}_C) \right\}\dot{V}_t - \dfrac{1}{2\sqrt{3}}(\dot{\varepsilon}_B - \dot{\varepsilon}_C)\dot{V}_t \quad \cdots\cdots\text{(L.5)}$
	図 B3	$\dot{V}_b = (1 + \dot{\varepsilon}_B)\dfrac{(-\dot{E} - j\dot{V}_t)}{2}$ $\dot{V}_c = (1 + \dot{\varepsilon}_C)\dfrac{(-\dot{E} + j\dot{V}_t)}{2}$ $\dot{V}_{bc3} = (\dot{V}_b - \dot{V}_c)$ $\qquad = -j\left\{ 1 + \dfrac{1}{2}(\dot{\varepsilon}_B + \dot{\varepsilon}_C) \right\}\dot{V}_t - \dfrac{1}{2}(\dot{\varepsilon}_B - \dot{\varepsilon}_C)\dot{E} \quad \cdots\cdots\text{(L.6)}$

36
JEC-2520：2018

L.2　合成値に応動するリレーの誤差評価方法例

　合成値に応動するリレーの入力各相電圧 $\dot{V}_{\mathrm{a}}$，$\dot{V}_{\mathrm{b}}$，$\dot{V}_{\mathrm{c}}$ の取得値の誤差 $\dot{\varepsilon}_{\mathrm{A}}$，$\dot{\varepsilon}_{\mathrm{B}}$，$\dot{\varepsilon}_{\mathrm{C}}$ が確認されていれば，**表L.1** に示される式により，**表5** の方法による応動値と電力系統事故の際の応動値との差を直接計算することができる。また，この規格に規定された**図 A1** 及び**図 A2** の入力印加方法による試験のほかに**図 B1** ～**図B3** の入力印加方法による試験を行うのも一方法であるが，誤差の絶対値が把握されている場合には，次に示す方法により，誤差の増加の最大値を簡略的に推定することができる。

a）各相取得値不揃い試験による誤差推定

　各相入力データの取得値不揃い試験による誤差により，誤差の増加の最大値を簡略して推定することができる。

　各相取得値不揃い誤差 ε_{D} は，**図 A1** の $\dot{V}_{\mathrm{t}}$ を定格電圧 $\dot{E}$ として，各相間電圧をそれぞれ測定し，次式によって算出する。

$$\varepsilon_{\mathrm{D}} = \frac{各相間電圧データの最大値}{定格電圧} \quad\cdots\cdots\cdots\cdots\cdots\cdots\cdots\cdots\cdots (L.7)$$

この ε_{D} を用いると，**表 L.1** 中の（L.3）式，（L.5）式及び（L.6）式の最大値は次で表すことができる。

$$\mathbf{図\ A1} と \mathbf{図\ B1}：\left|\dot{V}_{0\mathrm{B}} - \dot{V}_{0\mathrm{A}}\right|_{\max} = \left|\frac{\varepsilon_{\mathrm{D}}\dot{E}}{\sqrt{3}}\right| \quad\cdots\cdots\cdots\cdots\cdots\cdots (L.8)$$

$$\mathbf{図\ A2} と \mathbf{図\ B2}：\left|\dot{V}_{\mathrm{bc}2} - \dot{V}_{\mathrm{bc}1}\right|_{\max} = \left|\frac{\varepsilon_{\mathrm{D}}\dot{V}_{\mathrm{t}}}{2\sqrt{3}}\right| \quad\cdots\cdots\cdots\cdots\cdots\cdots (L.9)$$

$$\mathbf{図\ A2} と \mathbf{図\ B3}：\left|\dot{V}_{\mathrm{bc}3} - \dot{V}_{\mathrm{bc}1}\right|_{\max} = \left|\frac{\varepsilon_{\mathrm{D}}\dot{E}}{2}\right| \quad\cdots\cdots\cdots\cdots\cdots\cdots (L.10)$$

（L.8）式及び（L.10）式の値は $\varepsilon_{\mathrm{D}}\dot{E}$ に比例するもので，$\left|\dot{V}_{\mathrm{t}}/\dot{E}\right|$ が小さいほど誤差の影響が大きい。ここで，（L.8）～（L.10）式は次のようにして求めたものである。

（L.3）式の第2項の係数は，次式のように変形できる。

$$\dot{\varepsilon}_{\mathrm{A}} + a^2\dot{\varepsilon}_{\mathrm{B}} + a\dot{\varepsilon}_{\mathrm{C}} = \left\{\dot{\varepsilon}_{\mathrm{A}} - \frac{1}{2}(\dot{\varepsilon}_{\mathrm{B}} + \dot{\varepsilon}_{\mathrm{C}})\right\} - \mathrm{j}\frac{\sqrt{3}}{2}(\dot{\varepsilon}_{\mathrm{B}} - \dot{\varepsilon}_{\mathrm{C}}) \quad\cdots\cdots\cdots (L.11)$$

$\dot{\varepsilon}_{\mathrm{A}} - \dot{\varepsilon}_{\mathrm{B}}$，$\dot{\varepsilon}_{\mathrm{B}} - \dot{\varepsilon}_{\mathrm{C}}$，$\dot{\varepsilon}_{\mathrm{C}} - \dot{\varepsilon}_{\mathrm{A}}$ の最大値を ε_{D} とし，**図 L.1** のように $\dot{\varepsilon}_{\mathrm{C}}$ の値を仮定すると，$\dot{\varepsilon}_{\mathrm{A}}$ 及び $\dot{\varepsilon}_{\mathrm{B}}$ は点 c を中心とする半径 ε_{D} の円内にある。この円内に更に $\dot{\varepsilon}_{\mathrm{B}}$ の値を図のように仮定すると，$\dot{\varepsilon}_{\mathrm{A}}$ は図のハッチング部の範囲内にある。この条件から次の関係が得られる。

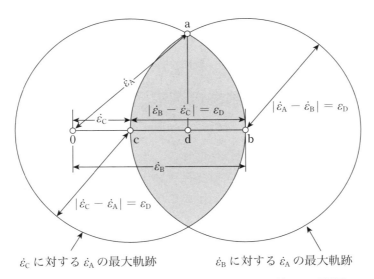

図 L.1 — 各相誤差 $\dot{\varepsilon}_A$, $\dot{\varepsilon}_B$, $\dot{\varepsilon}_C$ と不揃い誤差 ε_D の関係

$\dfrac{\dot{\varepsilon}_B + \dot{\varepsilon}_C}{2} = \dot{\varepsilon}_C + \dfrac{\dot{\varepsilon}_B - \dot{\varepsilon}_C}{2} \equiv \overline{0\mathrm{d}}$ より，

$$\left| \dot{\varepsilon}_A - \dfrac{\dot{\varepsilon}_B + \dot{\varepsilon}_C}{2} \right|_{max} = |\overline{0\mathrm{a}} - \overline{0\mathrm{d}}|_{max} = |\overline{\mathrm{da}}|_{max} = \left| \dfrac{\sqrt{3}}{2} \varepsilon_D \right| \quad \cdots\cdots\cdots\cdots\cdots (\mathrm{L}.12)$$

(L.11) 式と (L.12) 式より，

$$\left| \dot{\varepsilon}_A + a^2 \dot{\varepsilon}_B + a \dot{\varepsilon}_C \right|_{max} = \left\{ \left| \dot{\varepsilon}_A - \dfrac{\dot{\varepsilon}_B + \dot{\varepsilon}_C}{2} \right| + \left| j \dfrac{\sqrt{3}}{2} (\dot{\varepsilon}_B - \dot{\varepsilon}_C) \right| \right\}_{max}$$

ここで，$|\dot{\varepsilon}_B - \dot{\varepsilon}_C| = \varepsilon_D$ のときに最大となるので，

$$= \left| \dfrac{\sqrt{3}}{2} \varepsilon_D \right| + \left| \dfrac{\sqrt{3}}{2} \varepsilon_D \right|$$

$$= \left| \sqrt{3} \varepsilon_D \right| \quad \cdots\cdots\cdots\cdots\cdots\cdots\cdots\cdots\cdots (\mathrm{L}.13)$$

(L.13) 式を (L.3) 式の第2項に適用して，(L.8) 式が得られる。

また，(L.5) 式及び (L.6) 式において，$|\dot{\varepsilon}_B - \dot{\varepsilon}_C| = \varepsilon_D$ を代入すれば (L.9) 式及び (L.10) 式が得られる。

b) **JEC-2502**（ディジタル演算形保護継電器の A/D 変換部）による試験例

JEC-2502（ディジタル演算形保護継電器の A/D 変換部）では，**箇条 6** にて，ディジタルリレーの A/D 変換部の試験を規定している。また，**参考 6** において，複合入力総合精度試験を，**参考 7** において，総合精度簡易試験を提案している。これらの試験は，前記細別 **a)** と同様の効果がある。

L.3 合成値に応動するリレーの試験方法

現在は製造業者で実施している交流入力回路の調整試験，入力電気量の確認試験で各相の誤差の $\dot{\varepsilon}_A$，$\dot{\varepsilon}_B$，$\dot{\varepsilon}_C$ が確認できており，この $\dot{\varepsilon}_A$，$\dot{\varepsilon}_B$，$\dot{\varepsilon}_C$ を使用することで，電力系統事故時の合成量に応動するリレーの誤差が推定できる（**表 L.1** の式 L.3，式 L.5，式 L.6）。

そこで，合成量に応動するリレーは，**7.2 表 5** に記載の印加方法による試験でよいこととした。

JEC-2520：2018

附属書 M

（規定）

温度特性試験及び制御電源電圧特性試験について

M.1　背景

　保護リレーの試験及び検査においては，全ての保護リレー要素について，常規使用状態におけるアナログ入力量に対する特性試験に加え，周囲温度を変化させたときの特性が許容範囲内であることを保証するための温度特性試験，及び制御電源電圧が変化したときに正常に動作し特性が許容範囲内であることを保証するための制御電源電圧特性試験を実施している。

　この方法は，アナログ形リレーに対して確立され，ディジタル形リレーについても同様の方法を踏襲してきたものである。しかし，ディジタル形リレーは，A/D 変換部でアナログ入力量を周期的にサンプリングしてディジタル変換された量に演算部で演算処理を施すことでリレー特性を実現するものであり，このため，周囲温度の変化又は制御電源電圧の変化は A/D 変換部の性能には影響を及ぼすものの，ディジタル量による演算処理については正常に動作する[1]ことが確認されれば保護リレー性能への影響はないので，A/D 変換部，演算部個別に影響を確認することで試験及び検査とすることができる。

　また，ディジタル形リレーの場合，アナログ入力のディジタル変換量を複数の保護リレー要素で共用していること，又は，同一のハードウェアを用いて異なるリレー要素を収納していることが多く，全ての保護リレー要素についてアナログ量入力による温度特性試験及び制御電源電圧特性試験を行うには組合せ数が多くなるので，それの代替となる合理的な方法が望ましい。

　以上を踏まえ，次の要件を満足できれば，**7.11.2** 試験及び検査，**7.12.2** 試験及び検査を省略し，**7.3.2** 試験及び検査で得られた動作値で代替することができるものとする。

　注[1]　　正常に動作する：組み込まれたソフトウェアどおりにディジタル形リレーが動作する

M.2　温度特性試験

　次の 2 項目が共に確認されていることで温度特性試験とすることができる。

A/D 変換部：**JEC-2502** に基づく A/D 変換部温度特性試験（方法 2）を入力変換器も含めて実施し，判定基準を満たしている。

演算部　　：周囲温度の変動範囲で正常に動作する。

M.3　制御電源電圧特性試験

M.3.1　試験方法 1

　次の 2 項目が共に確認されていることで制御電源電圧特性試験とすることができる。

A/D 変換部：**JEC-2502** に基づく A/D 変換部総合精度試験（方法 2）を制御電源電圧特性の上限値及び下限値で入力変換器を含めて実施し，判定基準を満たしている。

演算部　　：制御電源電圧特性の上限値及び下限値で正常に動作する。

M.3.2　試験方法 2

　制御電源を安定化電源に取り込み，安定化電源の二次側の電圧でディジタル形リレーを駆動する方式のディジタル形リレーは，制御電源電圧を変動させても二次側の電圧変動がディジタル形リレーの動作を保

証する範囲内であれば，ディジタル形リレーの動作は保証される。

したがって，次の2項目が共に確認されていることで制御電源電圧特性試験とすることができる。

・制御電源を制御電源電圧特性の上限値及び下限値にし，それぞれの安定化電源の二次側の電圧変動が，製造業者の保証範囲内である。

・安定化電源二次側の電圧を，製造業者の保証範囲内で変動させたとき，演算部の演算処理及びA/D変換部の変換精度に影響を与えない。

JEC-2520 : 2018
ディジタル形電圧リレー
解説

この解説は，本体及び附属書に規定・記載した事柄，並びにこれらに関連した事柄を説明するもので，規格の一部ではない。

1 制定の趣旨及び経緯
1.1 制定の趣旨

JEC-2511 が制定されてから 20 年以上が経過し，保護リレーの種類も，電気機械形・静止形から，静止形の一種であるディジタル形リレーに主流が移っている。

JEC-2511 は，適用範囲としてこれら保護リレーの種類を限定していないため，ディジタル形の電圧リレーにも適用できるが，ディジタル形の利点を十分に活かせる規定となっておらず，ディジタル形専用の規格が望まれていた。

一方，海外では IEC 60255-127（Functional requirements for over/under voltage protection）が 2010 年に発行されているので，IEC 規格との整合性にも配慮しつつ，仕様と性能の標準化を図る新規格を制定することとした。

保護リレーの標準規格は 1968 年以来，保護リレー全般にわたって共通事項を規定する一般規格と，個々のリレーに関する事項を規定する個別規格により体系化している。この規格は個別規格であり，ディジタル形電圧リレーに関する事項を規定し，共通事項については一般規格 JEC-2500 を引用している。この規格と電力用保護継電器の JEC 規格体系との関係を解説図 1 に示す。

なお，この規格の制定後も JEC-2511 は有効であるため，今後新規に製造するディジタル形電圧リレーを JEC-2511 によることもできるが，この規格に準拠することが望ましい。

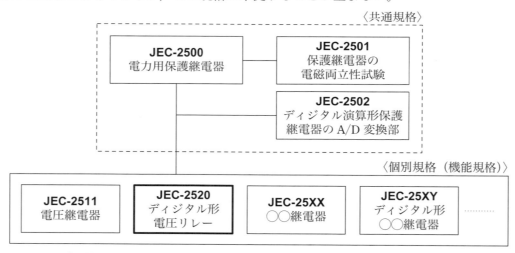

解説図 1 — この規格と電力用保護継電器の JEC 規格体系の関係

1.2 制定の経緯

2016 年 12 月にディジタル形電圧リレー（JEC-2520）標準特別委員会の設置趣意書を提出・承認を得

ることで，この規格の制定作業に着手し，本委員会にて慎重に審議した結果，2017年12月に成案を得て，2018年3月27日に電気規格調査会委員総会の承認を経て制定された。

保護リレーの標準規格は1968年以来，一般規格と個別規格の両者により構成される体系をとっている。この規格は個別規格であり，電圧リレーに関する事項を規定する。各種の保護リレー全般にわたって共通する事項は，一般規格 **JEC-2500** で規定されており，この規格の各所で引用されている。

2　審議中に特に問題となった事項

2.1　審議の主な論点

JEC-2511 をもとに，ディジタル形電圧リレーの長所が反映された新規格とするため，**JEC-2511** 全般の見直し，対応の国際規格 **IEC 60255-127** との整合性，規格票の様式及び内容との整合性を考慮し，ディジタル形電圧リレー（**JEC-2520**）標準特別委員会で議論を行った。主な論点は次による。

a）　種類の簡素化

ディジタル形の長所を反映するため，種類の簡素化を行った。

1）　ひずみ波電圧特性 — 7.8.2

JEC-2511 では，ひずみ波対策付きのリレーとひずみ波対策なしのリレーで異なる試験条件でひずみ波電圧特性試験を実施する規定としていた。ディジタル形リレーはディジタルフィルタの採用によりひずみ波に対する対策が容易であり，標準的にひずみ波対策を実施している。そこで，ひずみ波対策の有無による規定の区分を削除し，**JEC-2511** のひずみ波対策付きの試験条件をベースとして規定した。

また，過電圧リレーと不足電圧リレーのひずみ率の下限値が10％と規定されており，条件的には非常に緩く試験条件の実態と相違しているため，上限／下限の区分けを削除し，ひずみ率は一律90％とした。なお，地絡過電圧リレーにおいても，同様に90％のひずみ率にて試験を実施する。

2）　動作時間特性 — 7.5.2

JEC-2511 の静止形では定限時に2.5 T級，5 T級，10 T級を規定しているが，管理方法を変更し，これらの動作時間階級を削除した。

また，**JEC-2511** の電気機械形に反限時特性を規定しているが，電気機械形は対象としていないため，削除した。

b）　性能の向上

ディジタル形はソフトウェアで機能や特性を実現するため，従来の電気機械形及び静止形に比較して性能の向上が図れる。

1）　動作値・復帰値の高精度化 — 5.1 a）

JEC-2511 では，静止形（アナログ形又はディジタル形）の電圧リレーの動作値許容誤差を，アナログ形を念頭において2.5 V級と5 V級に分類している。これまでディジタル形電圧リレーでは，2.5 V級の製造実績はなかったが，ディジタル形ではリレー内部のソフトウェアで高精度にリレー演算ができること，高精度A/D変換器やディジタルフィルタの採用によるA/D変換部の誤差の極小化により，リレー動作値や復帰値の精度向上が図られており，2.5 V級を製造することは容易であることから，この規格では **JEC-2511** と同様，2.5 V級と5 V級に分類することとした。

また，**JEC-2511** では，動作値及び復帰値の誤差が公称動作値によって変化することを考慮して，公称動作値が定格値の80％以上か80％未満かで許容誤差を変え，公称動作値が小さい値の場

合は許容誤差を大きくしているため，管理が煩雑であったが，ディジタル形リレーでは，リレー動作値や復帰値の精度向上のほか，温度変動や制御電源電圧変動などの影響も軽微であることから，2.5 V 級は許容誤差±2.5％以下，5 V 級は許容誤差±5％以下とし，公称動作値によらない管理値とした。

2）動作時間 — 7.5.1 a)

JEC-2511 では，接点出力の過電圧リレーの動作時間規定を，無接点出力の動作時間規定（35 ms）に 15 ms 加算した 50 ms としている。これに対して，地絡過電圧リレーと不足電圧リレーは無接点出力に 10 ms 加算した動作時間となっている。

ディジタル形においては，各電圧リレーにて接点出力分の動作時間は同一管理とできることから，過電圧リレーの接点出力の動作時間は，無接点出力の動作時間規定に 10 ms を加算した 45 ms の規定とした。

c）機能・性能の明確化

1）合成値に応動するリレーの誤差試験–附属書 L

合成値に応動するリレーは，電力系統事故の際の応動値と，この規格により測定する応動値の間にわずかな差があることから，この規格制定に当たり，合成値に応動するリレーの誤差試験を本文に記載すべきとの意見があった。製造業者への調査の結果，製造業者ごとで交流入力回路の調整試験や入力電気量の測定等を実施しており，この測定により電力系統事故の際の合成値に応動するリレーの誤差が推定できる。そこで，合成値に応動するリレーの試験は **7.2 表 5** 記載の方法として，**附属書 L** はその解説にとどめた。

2）高速度リレーの動作時間 — 7.5.2

JEC-2511 においては，高速度リレーの動作時間の試験点を入力電圧 1 点で規定しており，ルーチン試験や形式試験の動作時間管理もこの 1 点で行っている。しかし，過電圧リレー及び地絡過電圧リレーの動作時間は，0 V から規定の電圧に急変させるときの急変後の電圧により変化するため，実事故時の電圧値による動作時間の傾向を把握できない。そこで，形式試験では複数の試験点にて動作時間を測定するよう変更した。

また，不足電圧リレーの動作時間測定は，入力電圧を定格電圧から公称動作値の一定割合に急変させて実施するため，最大整定時に動作時間が最も速くなる。動作時間の判定は最大整定値における測定値にて行うが，形式試験においては最も動作時間が遅くなる条件でも性能を把握するため，最小整定においても試験を実施し，動作時間判定基準を満足できない場合は，更に判定基準を満足する動作整定値にて試験を実施することとした。

3）定限時リレーの動作時間 — 7.5.2

定限時リレーは，リレー要素，タイマ及び出力回路から構成され，リレー要素及び出力回路の動作時間は製造業者のものづくりによるところが大きい。また，リレー内部の個別の動作時間を測定できるようにしたものと，入力電圧印加から出力するまでの一括動作時間しか測定できないものなど，測定環境も製造業者により異なる。

そこで，製造業者のものづくりによるところが大きいリレー要素と出力回路の動作時間は一括管理とし，製造業者明示として，時間範囲で指定することとした。

また，タイマ精度はサンプリングクロック精度と演算周期を考慮して許容誤差は 1％（ただし 10 ms を下回らない時間で規定）とし，リレー要素，タイマ及び出力回路は，個別又は一括で動作時間を測定すればよいこととした。

d）検査・試験の簡素化及び省略

ディジタル形の特徴を鑑み，検査・試験内容の省略を行った。

1）動作値の誤差変動試験の省略

ディジタル形では，測定ごとの動作値の誤差の変動が少ないため，**JEC-2511** の動作値の誤差の変動試験は省略した。

2）平均実測値による誤差計算の廃止により試験を簡素化

ディジタル形は，測定ごとの動作値，復帰値の誤差が小さいという長所がある。**JEC-2511** は電気機械形のリレーにも適用するため，復帰値，温度特性，周波数特性及び制御電源電圧特性の試験は測定を 3 回行い，その平均実測値から復帰率や動作値誤差を求めていたが，この規格では平均実測値による誤差計算を廃止し，実測値から誤差を求めるように試験を簡素化した。

3）自己加熱特性の試験の省略

ディジタル形リレーは，自己加熱による発熱が動作値にほぼ影響しないため，自己加熱特性試験を省略した。

4）復帰総合特性の試験の省略

ディジタル形リレーは，温度特性及び制御電源電圧特性の影響が軽微であることから，周囲温度，入力周波数及び制御電源電圧の複数の条件を同時に変化させる復帰総合特性の測定は不要であり，試験を省略した。

5）試験前の電圧入力，制御電源電圧印加の規定の削除

ディジタル形リレーは，自己加熱による発熱が動作値に影響をほぼ与えないため，試験前の電圧入力，制御電源電圧印加の規定を削除した。

6）周波数特性，温度特性及び制御電源電圧特性の動作時間試験の省略

ディジタル形の反限時リレーでは，動作時間は，動作値の変動の影響を受ける。

しかし，この規格に記載のディジタル形リレー（反限時は除く）の動作時間は，動作値の変動の影響は軽微であり，またタイマ要素は温度及び制御電源電圧の変動の影響をほとんど受けないことから，周波数特性，温度特性及び制御電源電圧特性の動作時間試験を省略した。

7）温度特性及び制御電源電圧特性の動作値試験の簡略化

ディジタル形リレーは，**JEC-2502** 記載の A/D 変換部試験で温度及び制御電源電圧の影響をほとんど受けないことが確認されたものについては，動作値も温度及び制御電源電圧の影響をほとんど受けないことが保証される。よって，**JEC-2502** 記載の A/D 変換部の試験で温度及び制御電源電圧の影響をほとんど受けないことが確認されたものに対しては，温度特性及び制御電源電圧特性の動作値試験を省略可能とした。

e）実態調査結果の反映

JEC-2511 の規定で実態を伴わない規定の見直しを行った。

1）動作時間に関する分類 ― 5.1

JEC-2511 では電圧リレーの動作時間に関する分類として，高速度リレー，定限時リレー及び反限時リレーの規定があったが，ディジタル形電圧リレーの反限時特性の製造実績が少ないため，この規格では反限時リレーは対象外とした。

2）標準値 ― 5.2

JEC-2511 では，ディジタル形の過電圧リレー，地絡過電圧リレー及び不足電圧リレーの各リレーにおいて，複数の整定範囲の標準値が記載されていた。ディジタル形では全ての標準値にて

44
JEC-2520：2018 解説

製造可能であることから，電圧リレーごとに **JEC-2511** で規定の最大値から最小値までの１種類のみの標準値の規定とした。ただし，不足電圧リレーは定格電圧値の相違により，不足電圧地絡保護と不足電圧短絡保護に分けて規定した。

また，地絡過電圧リレーは定格電圧値が 110 V と 190 V の２種類の規定としていたが，**JEC-1201** においては定格電圧 190 V の VT は特殊品扱いであることから，定格電圧 190 V のリレーは **JEC-2511** によるものとし，本規定からは削除した。

f) **IEC** 規格との整合

1) 動作時間及び復帰時間の測定回数 ― **7.5.2 c)**，**7.6.2**

JEC-2511 では動作時間及び復帰時間の測定回数は規定されていなかったが，**IEC** 規格との整合性を考慮して５回と規定した。

2) 慣性動作 ― **7.10.2**

高速度及び定限時リレーにおいては慣性動作時間が極力短いことが望ましい。ディジタル形リレーは誘導円板形リレーのような慣性動作は生じないが，入力急変時においてはフィルタの応答遅れなどにより，内部のディジタル演算には遅れが生じる。このディジタル演算の遅れによる不足電圧リレーの応動評価のため，**IEC 60255-127** のオーバシュート時間測定を慣性動作測定として実施する。

2.2　この規格の制定内容と **JEC-2511** との主な相違点

この規格の制定内容と，基となった **JEC-2511** との主な相違点は，**解説表 1** による。

解説表 1 ― JEC-2511 との主な相違点

箇条	題名	細目	制定内容と相違点	該当する附属書
1	適用範囲	－	・ディジタル演算形に限定して適用。	A
2	引用規格	－	・（JEC-2500 を適用。）	－
3	用語及び定義	（削除）	・誘導形，可動鉄心形，可動コイル形，静止形，アナログ形，ディジタル形，公称値，整定値，始動値，釈放値，平均実測値，釈放時間，復帰総合特性，自己加熱特性，自己加熱状態，冷却状態	B.1
		（追加）	・慣性動作，動作保証最大電圧，合成値の定格電圧	
4	使用状態	－	・（JEC-2500 を適用。）	－
5.1 a)	種類，定格及び標準値	種類及び階級	・JEC-2511 の静止形の分類を適用。 ・ひずみ波対策有りを標準。	C.1.2 C.1.3
5.1 b)			・JEC-2511 の静止形の分類を適用。 ・定限時の動作時間階級（2.5 T 級，5 T 級，10 T 級）を廃止。 ・動作時間特性の分類から反限時を削除。	C.1.1
5.2		定格と標準値	・定格は JEC-2500 を適用。 ・JEC-2511 のディジタル演算形リレーの標準系列の整定範囲に一本化。 ・定格電圧 190 V の地絡過電圧リレーを規定から削除。 ・JEC-2511 の準標準数は不採用。	C.1.3 C.2
6	構造	－	・（JEC-2500 を適用。）	－

JEC-2520：2018 解説

解説表 1 — JEC-2511 との主な相違点（続き）

箇条	題名	細目	制定内容と相違点	該当する附属書
7.1	試験及び検査項目	（削除）	・動作値の誤差の変動。 ・自己加熱特性 ・復帰総合特性	B.3
		（追加）	・動作保証最大電圧特性 ・慣性動作	
7.2	試験及び検査条件	－	・（**JEC-2500** を適用。） ・試験前電圧印加の規定を削除。	－
7.3	動作値	性能・試験及び検査	・誤差の変動の試験を廃止。 ・ε による誤差管理を廃止し，2.5 V 級は±2.5 %，5 V 級は±5.0 %の一律管理に見直し。 ・許容誤差を満足しない動作値整定がある場合の規定を追加。	D
7.4	復帰値	性能・試験及び検査	・ε による誤差管理を廃止。 ・復帰率は平均実測値ではなく実測値で規定。 ・復帰率を満足しない動作値整定がある場合の規定を追加。 ・復帰整定値と動作整定値に差がある場合の規定を追加。	E
7.5.1	動作時間	性能	・即時動作リレーは動作時間の明示を規定。	F.4
7.5.1 a)			・過電圧リレーの接点出力動作時間を 50 ms から 45 ms に見直し。 ・地絡過電圧リレーは許容誤差を満足する最小整定値で試験することを規定。	F.1 F.2
7.5.1 b)			・定限時リレーの動作時間の誤差管理をリレー動作時間（出力回路を含む）とタイマ動作時間で分離。 ・リレー動作時間は製造業者明示とする。 ・タイマ動作時間は 1 % 又は 10 ms の大きい方以下で管理。	F.3
7.5.2 a)		試験及び検査	・高速度リレーの試験条件を明記。 ・高速度リレー形式試験の試験点を増やした。	－
7.5.2 b)			・動作値，動作時間整定によらず，一律の許容誤差を規定。 ・動作値整定は 1 点を規定。 ・動作時間整定を，形式試験は最小・最大の 2 点に規定，ルーチン試験は最大の 1 点に規定。	F.3
7.5.2 c)			・動作時間の測定回数を 5 回と規定。	
7.6.2	復帰時間	試験及び検査	・動作時間整定を最小の 1 点に規定。 ・復帰時間の測定回数を 5 回と規定。	G
7.7	周波数特性	性能・試験及び検査	・動作値誤差は平均実測値ではなく実測値で規定。 ・測定回数 3 回を廃止。 ・ε による誤差管理を廃止し，2.5 V 級及び 5 V 級は±5.0 %の一律管理に見直し。 ・地絡過電圧リレーは許容誤差を満足する最小整定値で試験することを規定。 ・動作時間の測定を廃止。	H
7.8	ひずみ波電圧特性	性能・試験及び検査	・ひずみ波に対する許容誤差を±10 %と規定。 ・高調波重畳率の上限・下限をなくし 90 %に規定。	I
7.9	動作保証最大電圧特性	性能・試験及び検査	・本規定を追加。	J
7.10	慣性動作	性能・試験及び検査	・本規定を追加。	K

46

JEC-2520：2018 解説

解説表 1 — JEC-2511 との主な相違点（続き）

箇条	題名	細目	制定内容と相違点	該当する附属書
7.11	温度特性	性能・試験及び検査	・動作値誤差は平均実測値ではなく実測値で規定。 ・測定回数 3 回を廃止。 ・ε による誤差管理を廃止し，2.5 V 級は±2.5 %，5 V 級は±5.0 %の一律管理に見直し。 ・地絡過電圧リレーは許容誤差を満足する最小整定値で試験する。 ・動作時間の測定を廃止。 ・**JEC-2502** 記載の A/D 変換部の試験で代替できることを記載した。	**M**
7.12	制御電源電圧特性	性能・試験及び検査	・動作値誤差は平均実測値ではなく実測値で規定。 ・測定回数 3 回を廃止。 ・ε による誤差管理を廃止し，2.5 V 級は±2.5 %，5 V 級は±5.0 %の一律管理に見直し。 ・地絡過電圧リレーは許容誤差を満足する最小整定値で試験する。 ・動作時間の測定を廃止。 ・**JEC-2502** 記載の A/D 変換部の試験で代替できることを記載した。	**M**
8	表示	－	・（**JEC-2500** を適用。）	－
注記	（**JEC-2500** を適用。）は，**JEC-2511** の規定のとおりで，変更なし。			

2.3 IEC 60255-127 からの反映内容

IEC **60255-127** は電気機械形を含んだ電圧リレーの規格で，**JEC-2511** に相当する規格であるが，規格書の構成の相違並びに国内の実態を考慮して，性能及び試験の項目で有用と考えられる部分をこの規格に取り込んだ。

IEC **60255-127** からこの規格に反映した主な内容は**解説表 2** による。

解説表 2 — IEC 60255-127 からこの規格への主な反映・非反映内容

IEC 60255-127			この規格	
箇条	項目	内容	箇条	内容
4.2	リレー入力	通信経由のリレー入力も記載。	－	リレー入力は電気信号のみとし，記載しない。
4.4.1	動作特性	動作時間特性として，反限時特性を記載。	－	反限時特性については対象外とし，記載しない。
4.5	出力信号	二値出力について記載。	－	リレー出力については対象外とし，記載しない。
5.2	動作時間精度	限時リレー以外の動作時間の最大許容誤差は次のいずれかで示す。 ①動作時間設定のパーセント値 ②前記パーセントと最大誤差（固定値）の大きい方 ③最大誤差（固定値）	7.5	高速度リレーの動作時間は最大値で規定。 定限時リレーの動作時間は左記②にて規定。

JEC-2520：2018 解説

解説表 2 ― IEC 60255-127 からこの規格への主な反映・非反映内容（続き）

箇条	項目	内容	箇条	内容
		IEC 60255-127		**この規格**
5.3	復帰時間精度	限時リレー以外の復帰時間の最大許容誤差は次のいずれかで示す。 ①復帰時間設定のパーセント値 ②前記パーセントと最大誤差（固定値）の大きい方 ③最大誤差（固定値）	7.6	復帰時間は製造業者明示として記載方法は規定しない。
5.4.1	慣性動作特性 （Overshoot time）	製造業者はオーバシュート時間を明示。	7.10	高速動作と即時動作の不足電圧リレーについて製造業者明示とする。
5.5	電圧変成器（VT）要求事項	製造業者は性能維持に必要な VT の形式を明示。	－	規格の対象外とし記載しない。
6.2.1	動作値精度	試験方法について記載。	－	規格の対象外とし記載しない。
		試験値は最低 10 点。	7.3.2	最小・中間・最大の 3 点
		試験回数は最小 5 回，最大誤差と平均誤差で管理。	－	規定しない。
6.2.2	復帰率	試験方法について記載。	－	規格の対象外とし記載しない。
		試験値は最低 10 点。	7.4.2	最小の 1 点
		試験回数は最小 5 回，最大誤差と平均誤差で管理。	－	規定しない。
6.3	起動時間と動作時間	試験回数は最小 5 回，最大誤差と平均誤差で管理。	7.5.2	試験回数は 5 回とし，誤差の変動は管理しない。
6.4	復帰時間	推奨試験条件として過電圧リレー及び不足電圧リレーそれぞれ 3 パターンを記載。	7.6.2	各リレーについて 1 パターンを記載。
		試験回数は最小 5 回，最大誤差と平均誤差で管理。	7.6.2	試験回数は 5 回とし，誤差の変動は管理しない。
6.5.1	慣性動作特性 （Overshoot time for undervoltage protection）	不足電圧リレーに対し公称動作値×80％の入力を印加し，印加時間を変化させ動作限界を測定。 試験開始条件，印加時間，試験回数などを具体的に規定。	7.10	不足電圧リレーに対し公称動作値×80％の入力を印加してもリレー動作とならない印加時間を規定。

3 原案作成委員会構成表

この規格の原案作成委員会の構成表を，次に示す。

委員会名：ディジタル形電圧リレー標準特別委員会

委 員 長	前田 隆文	（東芝エネルギーシステムズ）	委　　員	高荷 英之	（東芝エネルギーシステムズ）
幹　　事	金山 哲也	（明電舎）	同	千原 勲	（富士電機）
委　　員	石橋 哲	（東芝エネルギーシステムズ）	同	辻村 亮	（関西電力）
同	今枝 弘典	（中部電力）	同	中村 太介	（九州電力）
同	臼井 正司	（三菱電機）	同	兵藤 和幸	（日立製作所）
同	大塚 孝夫	（電源開発）	同	細越 政剛	（東北電力）
同	佐藤 伸浩	（中国電力）	同	細谷 康二	（明電舎，日本電機工業会）
同	上楽 康智	（東京電力パワーグリッド）	同	山下 光司	（電力中央研究所）
同	新谷 幹夫	（三菱電機）	途中退任委員	太田 英樹	（富士電機）

途中退任委員　白井　勝彦　（中国電力）
同　白方　文崇　（九州電力）
途中退任委員　中澤　佳経　（東北電力）
同　三島　祐一　（関西電力）

委員会名：保護リレー装置標準化委員会

委員長　前田　隆文　（東芝エネルギーシステムズ）
幹事　高荷　英之　（東芝エネルギーシステムズ）
同　兵藤　和幸　（日立製作所）
同　栁沼　茂幸　（東北電力）
委員　石橋　哲　（東芝エネルギーシステムズ）
同　大塚　孝夫　（電源開発）
同　金山　哲也　（明電舎）
同　小林　弘和　（中国電力）
同　千原　勲　（富士電機）
委員　十島　政憲　（関西電力）
同　細谷　康二　（明電舎，日本電機工業会）
同　山川　寛　（東京電力パワーグリッド）
同　山﨑　理史　（中部電力）
同　山下　光司　（電力中央研究所）
幹事補佐　鵤　真二　（九州電力）
同　新谷　幹夫　（三菱電機）
途中退任委員　水間　嘉重　（明電舎）

4　部会名及び名簿

部会名：計測制御通信安全部会

部会長　伊藤　和雄　（電源開発）
幹事　森田　和敏　（電源開発）
委員　合田　忠弘　（同志社大学）
同　佐藤　賢　（東京電力パワーグリッド）
同　芹澤　善積　（電力中央研究所）
委員　手塚　政俊　（日本電気計器検定所）
同　中山　淳　（日置電機）
同　前田　隆文　（東芝エネルギーシステムズ）
同　山田　達司　（産業技術総合研究所）

5　電気規格調査会名簿

会長　大木　義路　（早稲田大学）
副会長　塩原　亮一　（日立製作所）
同　八島　政史　（東北大学）
理事　石井　登　（古河電気工業）
同　伊藤　和雄　（電源開発）
同　大田　貴之　（関西電力）
同　大高　晋子　（明電舎）
同　勝山　実　（シーエスデー）
同　金子　英治　（琉球大学）
同　清水　敏久　（首都大学東京）
同　八坂　保弘　（日立製作所）
同　田中　一彦　（日本電機工業会）
同　西林　寿治　（電源開発）
同　藤井　治　（日本ガイシ）
同　牧　光一　（東京電力パワーグリッド）
同　三木　一郎　（明治大学）
同　八木　裕治郎　（富士電機）
同　髙木　喜久雄　（東芝エネルギーシステムズ）
理事　山野　芳昭　（千葉大学）
同　山本　俊二　（三菱電機）
同　吉野　輝雄　（東芝三菱電機産業システム）
同　福井　伸太　（電気学会副会長 研究調査担当）
同　大熊　康浩　（電気学会研究調査理事）
同　酒井　祐之　（電気学会専務理事）
２号委員　斎藤　浩海　（東北大学）
同　塩野　光弘　（日本大学）
同　井相田　益弘　（国土交通省）
同　大和田野芳郎　（産業技術総合研究所）
同　高橋　紹大　（電力中央研究所）
同　堀坂　和秀　（経済産業省）
同　中村　満　（北海道電力）
同　春浪　隆夫　（東北電力）
同　坂上　泰久　（中部電力）
同　棚田　一也　（北陸電力）
同　水津　卓也　（中国電力）
同　高畑　浩二　（四国電力）

2号委員	岡松	宏治	（九州電力）	3号委員	山田 慎	（電力用変圧器）
同	市村	泰規	（日本原子力発電）	同	松村 年郎	（開閉装置）
同	畑中	一浩	（東京地下鉄）	同	河本 康太郎	（産業用電気加熱）
同	山本	康裕	（東日本旅客鉄道）	同	合田 豊	（ヒューズ）
同	青柳	雅人	（日新電機）	同	村岡 隆	（電力用コンデンサ）
同	出野	市郎	（日本電設工業）	同	石崎 義弘	（避雷器）
同	小黒	龍一	（ニッキ）	同	清水 敏久	（パワーエレクトロニクス）
同	小林	武則	（東芝）	同	廣瀬 圭一	（安定化電源）
同	佐伯	憲一	（新日鐵住金）	同	田辺 茂	（送配電用パワーエレクトロニクス）
同	豊田	充	（東芝）	同	千葉 明	（可変速駆動システム）
同	松村	基史	（富士電機）	同	森 治義	（無停電電源システム）
同	森本	進也	（安川電機）	同	西林 寿治	（水車）
同	吉田	学	（フジクラ）	同	永田 修一	（海洋エネルギー変換器）
同	荒川	嘉孝	（日本電気協会）	同	日髙 邦彦	（UHV 国際，絶縁協調）
同	内橋	聖明	（日本照明工業会）	同	横山 明彦	（標準電圧, 電力流通設備のアセットマネジメント）
同	加曽利	久夫	（日本電気計器検定所）	同	坂本 雄吉	（架空送電線路）
同	五来	高志	（日本電線工業会）	同	高須 和彦	（がいし）
同	島村	正彦	（日本電気計測器工業会）	同	岡部 成光	（高電圧試験方法）
3号委員	小野	靖	（電気専門用語）	同	腰塚 正	（短絡電流）
同	手塚	政俊	（電力量計）	同	本橋 準	（活線作業用工具・設備）
同	佐藤	賢	（計器用変成器）	同	境 武久	（高電圧直流送電システム）
同	伊藤	和雄	（電力用通信）	同	山野 芳昭	（電気材料）
同	中山	淳	（計測安全）	同	石井 登	（電線・ケーブル）
同	山田	達司	（電磁計測）	同	渋谷 昇	（電磁両立性）
同	前田	隆文	（保護リレー装置）	同	多氣 昌生	（人体ばく露に関する電界, 磁界及び電磁界の評価方法）
同	合田	忠弘	（スマートグリッドユーザインタフェース）	同	八坂 保弘	（電気エネルギー貯蔵システム）
同	澤	孝一郎	（回転機）			

©電気学会 電気規格調査会 2018

電気学会 電気規格調査会標準規格
JEC-2520：2018
ディジタル形電圧リレー

2018年 9月12日　　第1版第1刷発行

編　者　電気学会 電気規格調査会
発行者　田　中　久　喜

発　行　所
株式会社　電　気　書　院
ホームページ　www.denkishoin.co.jp
（振替口座　00190-5-18837）
〒101-0051　東京都千代田区神田神保町1-3ミヤタビル2F
電話(03)5259-9160／FAX(03)5259-9162

印刷　株式会社TOP印刷
Printed in Japan／ISBN978-4-485-98996-8